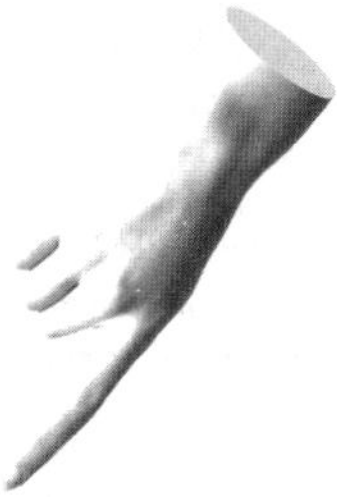

设计，无处不在

[美国]约翰·赫斯科特　著

丁珏　译

译林出版社

图书在版编目（CIP）数据

设计，无处不在 /（美）约翰·赫斯科特（John Heskett）著；丁珏译．-- 南京：译林出版社，2025．3．-- ISBN 978-7-5753-0533-4

Ⅰ．TB472

中国国家版本馆CIP数据核字第20250202KR号

设计，无处不在　[美国] 约翰·赫斯科特 / 著　丁　珏 / 译

责任编辑　於　梅
装帧设计　孙逸桐
校　　对　戴小娥
责任印制　颜　亮

原文出版　Oxford University Press, 2002
出版发行　译林出版社
地　　址　南京市湖南路1号A楼
邮　　箱　yilin@yilin.com
网　　址　www.yilin.com
市场热线　025-86633278
排　　版　南京展望文化发展有限公司
印　　刷　江苏凤凰通达印刷有限公司
开　　本　718毫米×1000毫米　1/16
印　　张　18.25
版　　次　2025年3月第1版
印　　次　2025年3月第1次印刷
书　　号　ISBN 978-7-5753-0533-4
定　　价　56.00元

序　言

柳冠中

"设计"一旦被囿于一种"物"的设计的话，设计师就已经被这个物的概念和现象束缚了创造力。"设计"应被认为是有关人类自身生存发展的"本体论"、"认识论"和"方法论"。而"工业设计"则是工业时代认识"人为事物"的一种方法，是对工业革命以来一切人为事物的一种反馈，其中包括该肯定的要肯定，该否定的要否定。这种积极的反馈机制正是"设计学"的核心，是工业设计能将"限制"和"矛盾"协调转化为"优势"的原因，也是工业设计有别于仅从美术或技术角度片面地就事论事的偏执倾向的本质之所在。如此一来，设计就能从物、技术、经济体制和社会结构存在的问题（"事"的解决）中，在限制下形成差别和进步：创造"新物种"、创新"产业链"，乃至实现真正的生存方式上的创新。

曾在美国从事设计教育和研究实践的约翰·赫斯科特教授于退休后被香港理工大学特聘为专职教授多年。他融合了东西方的哲学理念，对"设计"这个复杂的问题提出了独特的见解。他从生活中浅显的原理入手，深入浅出地道出了人类与生俱来的创造性智慧的开发——“设计”的作用。他指出：“我们所定居的这个世界的形式或结构不可避免地沦为了人类设计的结果……设计不是由技术、社会结构、经济体制，或其他任何客观原因所决定的。设计源于人类的各种决定和选择。”他还指出：“虽然设计在许多方面深刻影响着我们所有人的生活，但是它的巨大潜能却尚待开发……”

当代科学的发展，尤其是生物学、遗传学、核物理、天体物理以及人工智能等领域的突破，在人们还来不及适应的时候，就又开始向更深的领域跨越。人类的生产和科学实践的发展，自然也使得设计的范围、内容、广度和深度骤增。信息交流和存储的渠道、速度、效率的发展，信息量的急剧膨胀，都使原有的生产管理体制、文化艺术、道德、思维几乎已容纳不下这种时间和空间上的变化了。科学与艺术的合流、自然科学与人文科学的合流已成了不可逆转的趋势。

工业时代的科学乐观主义开始转向小心谨慎与信心不足了，人类自身冲击自然的能力转而使人类感到越往前走可能遇到的“无知陷阱”就会越多，就如同一个越来越大的圆与外界相连的空间也越来越大一样。人类必须学会在行动之前更全面地探测危机，这就意味着人类行为的决策，也就是“设计”的功能已被提高到经济管理、社会管理和人类未来生存方式的高度上了。当今社会对设计的需求已不限于对单个产品的造型、色彩、装饰的改进，它已突破传统的“物”的范围，开始对整个社会即所有人为事物的复杂系统负责。设计的道德要求使设计教育的责任和任务也与产品结构、产业结构、生态平衡、生存环境、生存方式和伦理道德紧密相关。

当人类的追求比较简单时，决策的任务只是告诉人们怎样去做；而当人类的追求比较复杂，追求什么样的目标本身需要经常进行复杂的交叉研究后才有可能弄清时，科学的责任就不仅是告诉人类怎样去做，也不仅是告诉人类为什么能那样做。科学更为重要的责任是引导我们去思考，丢弃约定俗成的提法或时髦的新概念，弄清事物的本质，决定应该做什么，还要做什么。

设计不应深陷于科学和艺术之争，设计有它自身的内涵和外延。设计是为了发现、分析、判断和解决人类生存发展中的问题。人类进步的每一个里程碑都是对自己认识水平的否定，是从不同角度、不同层次对已被认可的“名”“相”的否定。当这样一个人为的、阶段性的分类和命名的观念阻碍我们认识自然和社会时，人类就会创造出新的分类和命名。

沉溺于工业文明之中的技术膨胀和物质享受，以及对于占有欲的宣扬，淡化了我们对污染、资源浪费和可持续发展的意识，腐蚀了人类的道德伦理观。如果我们经不起技术的引诱，我们就将丧失生存的权利。人类的生存与发展除了衣食住行方面的物质享受以外，还有额上的汗、手上的茧，人与人之间的接触、谅解，与大自然的互动、共生，与他人一起改造和创造时产生的行动和思想协调统一的乐趣、情感，以及对一切事物的尊重。忘记这一切，投身于竞争，只期待轻巧地获取享受，这是一种无知和不负责的态度。要知道，社会的任何进步，首先是品行道德、社会风俗、政治制度的进步，都属于科学和文化上的进步。这就是目前国际社会对于发展现状的反思，也是设计所面临的现实。

设计教育是为了培养另一种能力和智慧——从观念、思维方法、知识和评价体系等各个方面来整合科学和艺术。当设计的目标系统确立时，就该从科学和艺术的角度出发，实事求是地选择、组织、整合各种可能的方法和手段。设计是人类的第三种智慧系统，它的子系统包含科学和艺术这两个要素。设计是人类为主动适应生存环境等外部系统而进化形成的一个新知识结构系统，是人类在重组生存结构过程中的智慧性的创造。

人类区别于其他生物的最重要的特点是人类能改造自然，创造“人为事物”。然而，人类社会物质文明的每一次发展和进步无不寓于人类社会这个大背景之中，不同民族、不同地域、不同气候、不同时代的人类物质文明依然遵循“适者生存”“各得其所”的规律，在生产、流通、使用、销毁的全过程中新陈代谢。人类的发明、创造不可能违背这个规律，这也就是我们常说的“师法造化”。

约翰·赫斯科特教授的这本著作，在当前众多的有关“设计”的出版物中可谓不可多得。我深切地期望能与国内的设计同行，尤其是从事设计教育和设计研究的学者们互相勉励，一同思考中国设计所面临的挑战，以及中国设计教育所肩负的历史责任和历史使命。

献给帕米拉

目　录

第一章　什么是设计？ …… 1

第二章　设计发展史 …… 8

第三章　实用性和重要性 …… 23

第四章　物品 …… 36

第五章　传达 …… 52

第六章　环境 …… 64

第七章　形象设计 …… 79

第八章　系统 …… 92

第九章 语境 *106*

第十章 未来 *122*

译名对照 *129*

英文原文 *137*

第一章

什么是设计？

现代社会最为显著的特征之一是它的某种做派。在这种做派之下，设计变得既庸俗又让人摸不着头脑。但是我认为如果认真对待、合理运用，设计应该成为一个全面塑造和构建人类环境的关键性平台，它能改善人们的生活，增添生活的乐趣。

但是，如果我们因此就断定设计是一件很严肃的事情，那也会造成各种问题。设计并不像媒体广泛报道的那样：或许有趣，或许令人愉悦，或许还具有一点点实用性；在短暂的流行周期和裁员周期影响下的经济领域内有利可图；但设计并不触及人类生存的根本问题，设计无足轻重，仅起到装饰作用。

毫无疑问，由于对设计的重要性和价值并未达成广泛的共识，因此必定会造成一些误解。对于有些学科领域来说，作者与读者之间共有一定的知识基础。比如，就一本关于建筑学或历史学的概论而言，虽然各个读者的知识面会有参差，但他们对于题材的内容会有比较合理的概念。在其他一些非常专业化的学科领域，比如说核物理领域，读者与作者之间就很难存在共识，因此有必要向读者介绍一下基本的原理。

设计即处于这两个极端之间。作为一个词而言，设计十分普通，但它本身充满了各种矛盾。设计有着大量的呈现方式，但是我们缺乏清晰的定义来对它们进行一一界定。作为一种实践，设计生成了大量的东西，其中很大一部分生命力短暂，只有一小部分能长久保留。

很明显，我们中间有很多人对设计有着一定的认知，有些人对设计很感兴趣，但就这个术语所表达的确切意思却很难达成共识。在时装、室内装修、包装设计或汽车设计领域，这一点最为明显。这些领域由于缺乏固定的评判标准，一切仅凭个人品位来判定，而个人品位又有高下，于是便导致了形式和风格缺乏固定、统一的规定。上述这些领域的确是当代设计实践中很重要的一部分，是我们的评论所关注的焦点，占广告开支中很大的一部分。其他的焦点可能集中在技术操作或工艺层面。尽管它们数量巨大，但也只是一个整体的各个部分，得处于整体之下。在讨论时，我们不能以偏概全。

那么，我们该如何有意义地从整体上来把握设计呢？我们的生活中充斥着广告与宣传搅起的泡沫，还有哗众取宠的艺术名家制造出的种种炫目的视觉效果、权威人士的各式宣言，以及生活方式推销员满口的虚假宣传。透过这些，我们必须认识到一个简单的事实，即设计是人类的基本特征之一，对人们的生活质量起着决定性的作用。它从各个细节、各个方面影响着每个人每天所从事的活动。就此而言，设计至关重要。由于人们越来越关注物质环境的设计，物质环境中几乎所有方面都受到了它的影响，并因此而得到巨大的改进。但是糟糕的设计也带来了越来越多的问题，如不恰当的照明、不利于用户操作的机器、排版混乱的新闻等等。这些问题引起了人们越来越多的关注。因此，我们有必要问一问：如果这些东西真是我们生存中不可或缺的一部分，为何它们常常做得如此糟糕？要回答这个问题并不容易。通常，成本因素是人们用来开脱的最好借口。然而，优劣设计之间的界限是相当模糊的，只要有合理的设计投入，成本因素通常可以忽略不计。但是，这一切都取决于我们如何“合理”地投入。“设计”这个词涵盖了众多活动，它要求财力的投入能满足最细微的需求。在解决一个实际问题时，如果忽略了对象本身的用途，那么就会带来灾难性的后果，比如把一个医疗设备设计成传达个人时尚意象的载体。

虽然设计在许多方面深刻影响着我们所有人的生活，但是它的巨大潜能却尚待开发，本书正是在这样的认识上展开论述的。书中将对这个问题做出一些解释，并提供一些可行的改进方法。本书的目的不在于否定“设计”名下所涵盖的一切活动，而在于拓展对这个术语的理解，检验在不同文化背景下，设计活动所触及的生活领域以及它对日常生活的影响。在展开论述之前，为了理清围绕这个主题所产生的混乱，我们必须澄清一些基本问题。

有关设计的讨论之所以如此复杂，首先还是由这个词语本身造成的。“设计”在不同层次的含义不同，导致它本身成为了混乱的一个源头。就像“爱”这个词一样，如果指称者和被指称者不同、使用背景不同，它的意义就会随之相差十万八千里。例如，在一个看似无意义的句子中，同是“设计”这个词，意义却发生了变化：

“设计就是设计一种能生产设计的设计。”

这个词的每一次使用在语法上都是正确的。第一次是名词，泛指一般概念，适用于所有领域。它的用法类似于“设计对国家经济很重要”中的“设计”。第二次是动词，指示行为或过程，如

“她受委托设计一个新式食品搅拌器”。第三次也是一个名词，意指某种产品的成品，是将概念转化后的实际存在，如“大众推出的新款甲壳虫汽车采用的是复古设计”。第四次还是一个名词，表示一种概念或建议，如“这款设计交给客户审核”。

设计的实践活动和定义涉及的领域太广，这也造成了其他的混淆，比如手工艺设计、工业设计、商业设计、工程设计、产品设计、平面设计、时装设计和交互设计等都可归入设计名下。2000年8月至9月间，在《星期日泰晤士报》（伦敦）爱尔兰文化板块下有一个关于“爱尔兰设计家”的系列报道。该报道每周一篇，为期六周，其主题依次是：爱尔兰国家警察部队所佩戴的徽章、服装设计师路易斯·肯尼迪、供户外野餐的派对烧烤炉、卡罗尔烟草公司生产的“卡罗尔一号”香烟的包装、科斯特罗伊牌刀具、瑞安（廉价）航空公司的企业形象。虽然每篇报道的观点清晰、明确，文字凝练，但整个系列中所涉及的主题太广，让读者眼花缭乱。

有些活动为了显得更为专业，只要跟“设计”这个词沾边，都挤进了设计活动的名单中，比如发型设计、指甲设计、花卉设计，甚至葬礼设计。为什么不说是发型工程，或者是葬礼建筑，而一定要用设计这个词呢？这个词之所以被如此任意地使用，部分原因就在于它不是一个具有统一标准的行业。它不像法律、医药或者建筑，这些行业都要求从业者持有行业执照或者类似的资格证书。它们有既定标准，受自律性机构保护，有各自的行话，而且只接受通过规定程序获取资格的这部分人。与之相反，设计活动因缺乏一个统领的概念或机构，被一而再地细化了，也正因为此，任何人都能够使用它。

在此种混乱的情况下，为了找出一种模式，围绕设计展开的讨论必须从两个方面着手：一是对滥用之下的共同行为模式进行界定，以期建立某种结构和意义；二是对这些模式溯本穷源，寻找当下混乱形成的原因和存在的方式。

针对第一点，设计从本质上可被定义为人类塑造自身环境的能力。我们通过各种前所未有的方式改造环境，以满足我们的需要，并赋予生活以意义。

审视周围的环境，我们便可了解设计活动所辐射的范围和广度。不管你是在逛书店，还是待在家里，不管你是在图书馆、办公室、列车上还是在其他什么地方，你都可以发现设计的踪影。在这样的环境中，几乎没有纯粹自然的东西——即便是植物，也是按照人们的意愿修剪和摆放的。实际上，设计在环境改造中占的比重相当大。我们改造世界的能力已经如此登峰造极，以至于在我们这个星球上，只有为数不多的些许方面仍保留着原初的状态。具体而言，我们的生活已经完全适应了这种或那种人为设计的结果。

我们所定居的这个世界的形式或结构不可避免地沦为了人类设计的结果。虽然这一点是显而易见的，但绝对值得强调。这些设计的结果并不是必然的，也不是一成不变的。我们可以对它们进行研究或围绕它们展开讨论。无论使用得好还是不好（无论基于何种评价标准），设计都不是由技术加工、社会结构、经济体制，或其他任何客观原因所决定的。设计源于人类的各种决定和选择。在不同水平的设计实践中，尽管时代背景和环境会产生很大的影响，但是人为因素一直都起着决定性的作用。

有了选择就有了责任。选择意味着在方法、目的，以及为了谁的利益方面存在其他的可能。这就表示设计不仅仅反映设计师最初的决定或者概念，同时也涉及这些决定或概念的贯彻执行，以及通过何种方式对它们所产生的效果或者收益进行评估。

简而言之，设计能力在无数的方面都成为了我们作为一个物种存在的关键。除了人类，地球上没有其他生物具备这种能力。这种能力使我们能够以独特的方式改造我们居住的地方。若是没有这种能力，我们就无法界定何为人类文明，何为自然世界。设计的重要性就在于它像语言一样界定了人类的本质特征，使人类远远优于其他物种。

当然，这个基本能力可以通过大量不同的方式呈现，其中有一些已经成为专业行为，有固定的称呼，如建筑、土木工程、环境美化和时装设计等。在这本小书里，我们将会关注日常生活中出现的那些平面的和立体的事物，换言之，即物品、传达、环境和系统。不管是在家里还是在工作岗位上，不管是在休息还是在祷告，不管是在街道上还是在公共场所里，即便是外出旅行，你都会遇到它们。虽然圈定了讨论的范围，但是本书的覆盖面仍然是非常广的，因此我们只需对其中某些例子进行考察，而不必一一涉及。

如果人类的设计能力有如此多的表现方式，我们该如何理解它的多样性呢？要回答这个问题，我们又得回到第二点，即设计的发展史。设计有时被解释为艺术历史性叙述的一个分支，强调潮流和风格在时间上的简单更替——新的表现形式出现，替代原有的表现形式。然而，设计史更像是一个不断叠加的过程。在这个过程中，随着时间推移，新的发展叠加在现存事物之上。这种叠加并不是一个单纯累积或聚合的过程，而是一个动态的交互过程。在这样一个运动中，每次的革新都会从角色、意义和功能上改变现存的事物。例如，世界各地不计其数的手工艺生产一度是文化和经济的重要支柱，如今它们的中心地位已被大规模机器生产所取代。尽管如此，它们也找到了新的角色定位，比如像“手工艺运动”那样，为旅游业提供产品，或为特定的全球性市场环节提供产品。计算机和信息技术的高速发展，不仅为交互设计创造着令人兴奋的契机，同时也在不断改变产品和服务的构想及衍生方式。新的事物并非取代旧的事物，而是对其进行补充和完善。

然而，我们也无法提炼出一个可以涵盖所有情况的模式。在不同的社会环境下，改造活动会衍生出大量的变异，由此而产生的后果也不尽相同。然而，无论在何种具体条件下，过去的事物中总会有一种广泛的模式，这种模式会继续贯穿事物的发展过程。因此，我们在面对目前的状况时，才能对这些由设计衍生出来的不同实践模式及其晦涩而复杂的结构进行一定的解释。保留下来的那部分传统手工艺和形式被不断地注入新的活力，运用到新的领域。设计认识中存在的大部分混乱都源于这种历史演变模式。如果确实存在一个框架，而且这个框架支持对多样性的理解，那么现在造成混乱的事物也可以成为丰富的、可利用的资源。所以，对设计发展史的梳理，即对设计实践和形式创造活动的整理，是很有必要的。

第二章

设计发展史

人类在历史上经历了不同层次的变革与发展，然而人类的天性却鲜有改变。我们与曾定居在中国、苏美尔或者埃及的古人可以算是同一类人。对我们而言，通过迥异的渠道（如希腊的悲剧或北欧的传说）来表达同样的人类困境并非难事。

有证据表明，随着技术、组织结构和文化的变迁，尽管表达的手段和方法发生了变化，人类的设计能力一直都保持着相对的稳定。虽然设计是人类一项独特且固定的才能，但在历史发展中它的呈现方式却并不相同，我们这里要讨论的是后者。

设计活动所涉及的范围非常之广，以至于任何对它的描述都难免成为一个提纲挈领的概述。为了了解当下的复杂性是如何形成的，只得使用大手笔，避免过多的细节，介绍主要的变革。

在探求人类设计才能的起源时，第一个难题是界定在何时、何地人类开始对他们的环境进行重大的改变——每次考古上的重大发现都会引发新一轮的辩论。由于人的手非常灵活，能自如转动，还能做出各种造型，有多种功能，手无疑成了这个过程中一个至关重要的工具。人的手不仅能够推、拉，还能够高强度地施力或控制力道。手有着多种功能，其中包括了抓、捧、握、揉、压、拍、砍、刺、击、掘或敲等等。最初发明的工具无疑增进了手的这些功能，提升了它们的力量、精确性和灵敏度。

大约在一百万年以前的早期人类文明中，自然界的物体就被用作工具和器具，以增补或提高手的能力。比如，手能挖出土里的食用块根，但是人若是把棍子或蛤壳攥在手里，就能更轻松地完成这项工作。这样一来手不仅能够长时间作业，还能避免损伤手指和指甲。若是把一个贝壳用兽皮或须根绑在一根棍子末端恰当的位置上，就能做成一把简易的锄头，使工作变得更加轻松。在直立的姿势下，这样的工具使用的范围更广，效果更好。同样，我们可以合掌掬水喝，但是一个凹面较深的贝壳可以永久地保持手掌掬水时的形状，使用起来就像勺子，盛水时不会漏水。即便是这种程度的改造，也要求人们能够理解形式与功能之间的关系。

在这些以及其他众多方面，自然界已有的可获取的材料和模型为我们提供了丰富的资源。这些资源极具可塑性，可解决大量问题。然而，一旦它们被改造，又会涌现出新的问题，比如如何使锄头耐磨而不易损毁，不会像海贝那样容易破裂。这便引发了其他范围内的改造，而这次不仅仅是用可获取的材料按自然界已有的形状改造，而是将自然材料改造成自然界中并不存在的模样。

早期的发明中还有一大特点，就是通过革新技术、形状、图案来满足新的目标和用途。例如，1993年一支考古队在土耳其南部一个叫作恰约尼的地方发现了一个史前农业村庄的遗址。他们在那里发现了现存最早的纺织品残片。这一残片大约生产于公元前7000年，是用人工种植的亚麻织成的，很明显地借用了已有的编织篮子的技术。

其他事物的改造明显也借鉴了自然形态。自然形态仍然常常为了某个特殊的目的而被当作理想的模型。早期的金属或陶土制品常常与它们模拟的自然模型形状一致，比如金属做的勺子会呈现出海螺壳的形状。

在很早以前，人类就创造了各种形状的原型，对于何种形状能满足何种目的，我们已经形成了固定的概念。而与此相反的是，人类也具有创新的能力。事实上，形状已经越来越贴近社会需要，它与生活方式相互交织在一起，成为传统不可分割的一部分。在生活没有保障、生命受到威胁的环境下，我们从未轻易抛弃融入在形状中并由这些形状来体现的人类经验。

不仅如此，随着时间的推移，无论是有心还是无意，这些流传下来的形状有些变得越来越考究，有些接受了新工艺手段的改造。这些新的模型慢慢成了标准模型，又在具体社会环境下接受进一步的改造。例如，在西格陵兰地区，每一个爱斯基摩人主要定居地里的居民都有不同造型的海上皮船。

图1　格陵兰岛上爱斯基摩人的皮船

一味地强调手工艺中手的作用，难免会低估了另外两项的发展。这两项发展在提高人类改造环境的能力方面也是至关重要的，它们都是对人类先天局限性的挑战。其中之一通过借助自然力、优于人类体能的动物体能、风力和水力等资源，来弥补人类体力上的不足，同时选择优良的植物和动物种类进行培育以获得更高的产量。这些都需要经过调查，累积知识，并判断哪些知识可用于改进过程之中。在这方面，书面记录和视觉再现起到了至关重要的作用。

我们使用的工具最初来自自然形态，到后来完全由人类独创。随着工具的发展，我们有能力将累积的实用经验提升到抽象理论的层面。在相当长的一段时间内，人类的这个能力变得越来越重要。抽象观念使我们能够从具体的问题中抽身，得出一般规律，并自如地用规律来解决其他问题。

语言或许是抽象思维最佳的范例。文字本身并无任何意义，在使用过程中既是任意的，又带有强制性。比如，house、maison和casa在英语、法语和意大利语中都表示可供人类居住的有形之物，但它们只有在各自的社会中才能获得约定俗成的意义。总而言之，这种语言的抽象能力使观念、知识、工序和评价得以积累、保存并世代流传。这种能力同时也是了解任何制作工序不可或缺的一部分。换言之，在任何创造性的过程中，智力和思维方式与手和工具（包括铁锤、斧子或凿子）一样重要。前者指再现和表达潜在概念的能力，是人们使用“脑力工具”的能力，后者代表了身体技能。

在设计方面，抽象能力触发了纯文化上的发明。这些发明不参照人类的外形、运动技巧或自然界的其他形式。很多有关几何图形的概念可能是实践过程中累积的经验，经过整理后又用于指导其他实践。比如，澳大利亚土著居民所使用的带钩的矛式投掷器（当地人叫它“掷枪”）的演变就再现了这种抽象能力。人们一定是做了长期的试验和改进，才提高了矛式投掷器的准确性，使其在打猎中发挥出更大的威力。然而，轮子的形状是无法在外界找到明确参照物的——人类的四肢无法以自身为轴旋转，自然界也无法为此提供灵感。可以说，不停旋转的概念是史无前例的发明。换言之，物品不一定都是为了解决具体问题的，它们大可大大扩展，超出时空限制，在一个创新的、改进的动态过程中将生活的理念具体化。

图2　造型简单，工艺性复杂：澳大利亚土著居民使用的掷枪

因此，仅凭手自身或与其他人类感知器官相结合的手，都无法构成设计能力的源头。应该说，手、其他官能及大脑三方协调，共同构成了人类日趋强大的支配世界的能力。从人类生活的起源开始，出于个人和社会不同的需要，人们采用不同的形式和过程来适应不同的环境。这种灵活性和适应性造成了方式和结果的多

样性。

早期的人类社会是游牧式的，人们靠打猎和采集野生食物来维持生活。随着生活模式的改变，为了寻找新的食物来源，轻巧、便携、适应性强便成了主要的标准。随着更多以农业为基础的定居型乡村社会的发展，为了适应新型的生活方式，新的物品特质和形式传统迅速涌现出来。但是必须强调的是，传统并非一成不变，它时刻产生细微的变化以适应人及其所生存的这个环境。虽然传统形式凝缩了社会群体的经验，它的具体表现形式还得为适应个人需要做各种细微的调整。一把长柄镰刀或一把椅子有基本的、通用的形状，但因使用人的体格和身体比例不同，在细节处理上也不尽相同。定制的基本原则促使新的改进不断涌现。这些改进如果被经验证明是先进的，则会被纳入主流传统。

随着有固定生活方式的农业社会的出现，人口得以集中，手工艺的专业化得到了更高层次的发展。在众多文化中，寺院不仅是人们冥想和祷告的地方，也是一些手艺人的集中地。他们有足够的自由去实践，常常走在工艺创新的前端。

人口密度高的城市社区分布越来越广。随着财富的积累，人们滋生了各种奢华的需求，这些需求吸引了越来越多的专业技艺超群的手工艺者。这样便促成了手工艺者协会的形成，它们常常以行会或类似的形式出现。比如，早在约公元前600年，印度的城市中就已经存在这样的机构了。身处于这样一个动荡的世界，无论在何种文化背景下出现的行会，都将社会、经济的稳定作为追求的主要目标。行会普遍的作用在于维持工作和管理的标准。在某些控制层面上，它们预示了许多现代职业协会的特点，代表了持照设计师的早期模式。

行会常常能够通过地位的提升和财富的增加对所在社区施加巨大的影响。比如文艺复兴时期，位于德国南部的奥格斯堡就以

图3　工艺、财富及社会地位的象征：位于布鲁塞尔皇宫的行会公所

金、银器匠精美的工艺而著称。这些金、银器匠是当时城市生活中的一大主要势力。十七世纪早期该市的市长达维德·索赫尔就是这个行会的成员。

然而，行会的影响力和控制力最终还是被人们从多个方面瓦解了。当路途遥远的商业中心之间的贸易开始开放的时候，冒着巨大危险追求同等回报的中间商们逐渐控制了生产。一些手工业利用边远地区的剩余劳动力，大大削弱了行会的标准，并把对形式的控制权放到了中间商的手中。在中国，景德镇的瓷窑生产了大量瓷器，用于出口印度、波斯和阿拉伯半岛，并从十六世纪开始向欧洲出口。随着制造商与市场之间远距离贸易的开启，产品被生产出来之前它的形态就已经确立。画稿和模型从欧洲被送到中国，特定的形式和装饰物被运到不同的市场，然后提供给不同的客户。十五世纪末，随着印刷机在欧洲的推广以及绘画和印刷物的发行，各种关于物品形式的想法得以广泛地流通。个体设计师专门针对形式与装饰方式，出版了各种制图样的小册子，使从业者摆脱了行会对产品内容的控制，同时扩充了有关产品形象的图库。

政府出于自身的目的控制并利用设计，政府的这些举措也削弱了行会的势力。十七世纪早期，为了实现对奢侈品生产和贸易的国际控制，法国君主用特权身份、豪华的设施做诱饵，把最优秀的工匠吸引到巴黎，通过立法促进出口贸易，限制进口贸易。迎合了贵族市场的手工艺者享有各种特权，并且生活优渥。在君主的帮助下，手工艺者渐渐摆脱了行会的控制。

十八世纪中叶兴起的工业革命带来了规模最浩大的变革。产品完全由机器生产制造，这让手工生产者陷入了窘境。手工艺者大多不能或不愿顺应工业生产的需要。此外，为吸引开放市场中有能力的购买者，需要确定新的形式设计资源。此时的市场主要是针对中产阶级，即时代新贵的。当更多实力更强的制造商进入

图4　高贵、优雅的展示：由安德尔·夏尔·布尔于1710年左右在巴黎设计的带抽屉的小柜

市场后，竞争变得越来越激烈。同时，为了激起顾客的购买欲，产品需要具有不同的时尚品味，这些都要求注入新的观念。当时，唯一受过专业制图训练的只有学院派艺术家，越来越多的厂商开始委托他们对流行品味中的形式和装饰进行界定。比如，英国画家约翰·弗拉克斯曼就为乔赛亚·韦奇伍德陶瓷制品厂做了几个类似的设计项目。

但是，艺术家们对审美观念如何能转换到产品中要么一无所知，要么所知甚少，而且新环境也需要新技术。就某个层面而言，制造业需要一批新的工程设计师。这些人得掌握钟表和器具制造方面的工艺知识，并能快速地将其运用到解决技术性的问题上。这些问题包括制造有多种用途的机器——比如，制造更耐用的蒸汽发动机的汽缸，这种汽缸能产生更大的压力和动力。

在有关形式的讨论中，曾出现过两个颇具影响的新群体。第一类人的工作建立在不断探求能被市场接受的新概念上，这类人后来成了所谓的时尚顾问。第二类人是新兴的制图员。越来越多的制图员受雇于工厂，他们或者接受时尚顾问、中间商或工程师的指令，或者使用艺术家制作的草图或介绍花色的小册子，为具体生产提供专门的制图技术。在第一次工业时代，这些制图人俨然成了设计的机器，通过复古或者复制竞争对手已获得成功的产品，承担着生成形式理念的责任。

随着产品形态或计划的设想与实际产品制造之间的分离进一步加深，产品功能的专门化不断加深。人们在不了解制造背景的情况下设计产品形式，造成了很多家用器具的生产中出现设计者对装饰的关注与产品功能之间脱节，这导致了人们的反感。在很多人眼中，过度的工业化使得艺术贬值、品味和创造力降低。英国是工业革命的摇篮，约翰·罗斯金和威廉·莫里斯等人在这里发起了对工业社会的批判。这场运动在很多国家产生了深远的影响。十九世纪晚期，随着“工艺美术运动”的确立，罗斯金等人倡导的批判运动所产生的影响在英国达到了顶峰。他们宣称，这些匠人设计师将一度已经被人们遗忘的设计活动和社会标准重新统一了起来。然而，在1914年，随着第一次世界大战的爆发，人们看到了现代工业所释放的暴力。这份苦涩的回忆导致了浪漫化的中世纪田园怀旧形象的日渐泛滥。

即便如此，人们仍然相信艺术的力量高于工业的力量。例如，1917年俄国革命后，许多理想主义的艺术家试图以工业为载体，通过艺术来改造苏联社会。这一设想在包豪斯的原则中也发挥了重要的作用。包豪斯是第一次世界大战后在德国创立的一个学校，它认为社会可以也应该利用机器生产将艺术的力量传达到社会的

图5　功能的简约：由克里斯托弗·德莱塞于1885年在设菲尔德设计的水壶

不同层面，至于究竟该如何传达，它也提出了自己的设想。作为一种理想，它引发了二十世纪不同时期受包豪斯影响的设计师的共鸣。但实业巨头并未打算妥协。这种艺术家设计师的理念成为了现代众多设计渠道中的一个重要元素，当时技艺高超的设计师，如迈克尔·格雷夫斯或菲利普·斯塔克，仍受到广泛的关注。然而，在实际操作中，艺术家设计师并没有成为现代社会的改造大师。

如果说，欧洲孕育生成了一种强大的设计理论，强调工艺艺术的地位，那么，美国在二十世纪二十年代开始的新一轮工业技术和组织机构的变革则深深地改变了设计实践。通过投入巨额资金进行大规模生产，巨额交易引发了新一轮的产品革新浪潮。这些新产品不仅从根本上改变了美国生活和文化的各个方面，它们产生的影响力还辐射到了全球的各个角落。为了刺激市场，产品必须时时更新，再加上大量广告战的刺激，导致了顾客无节制的购买。

汽车就是一个典型的例子。汽车在欧洲先发展起来，它当时是为有钱人量身定制的玩具。但是，随着1907年亨利·福特的T型车的投产，汽车的价格逐步调低，慢慢成了大众都能消费得起的产品。福特遵循大规模生产的逻辑，坚信这个单一款型能满足所有人的需要，而唯一要做的就是降低成本，提高产量。与之相反，通用汽车公司总裁阿尔弗雷德·P.斯隆则认为新的生产方式必须与不同的市场消费水平相适应。斯隆于1924年制定了一个方针，用以解决大规模汽车生产和产品多样化之间的矛盾。他利用在各条流水线上生产的汽车基本配件，给产品设计不同的外形，以此来迎合不同的市场需求。专攻风格设计的设计师由此应运而生。这些设计师专注于视觉形式生产，他们的首要工作就是从视觉效果上与其竞争对手区别开来。

不过，像亨利·德莱弗斯那样顶尖的设计师开始慢慢规划他

图6　设计成为主流：1936年奥兹莫比尔的折篷车

们所扮演的角色，希望能通过与工业合作实现对社会的改造。第二次世界大战之后，设计师将其专长延伸到了形式设计之外，并开始着手解决客户在经营中遇到的那些更基本的问题。唐纳德·德斯基曾经是有名的家具设计师，后成为美国纽约大型顾问公司的负责人。这家公司专门提供商标和包装方面的咨询。就连首席设计师雷蒙德·洛伊也指出美国制造业品质在滑坡，购买者在被产品外在的式样吸引后发现产品在使用上不尽如人意，进而对整个制造业大失所望。他们为美国企业习惯模仿竞争对手的产品、设计意识日益淡薄而感到担忧。他们称，设计虽不是必选项，但作为一种高级的战略规划活动，它对企业的竞争远景至关重要。

从二十世纪六十年代开始，美国逐渐成为各国商品角逐的角斗场，美国的市场上开始逐步形成变革意识。在面对日本、德国等国的进口商品时，美国一些大型的工业部门在与它们的竞争中败下阵来。这些国家不仅注重产品的质量，而且非常注重设计的整体性。

然而，这些盛极一时的设计方法也被逐步取代了。我们能感受到各个方面发生的变革。到了二十世纪八十年代，设计上发生了急剧的转型，人们淘汰了现代主义朴素的几何风格，纷纷投到后现代主义的名下。这一转型的主要特点是形式上的选择性过剩。这些形式与实用性毫无关系，它们任意地、频繁地出现，导致了选择性过剩。这一转型并不反映事实的本质，相反，它从根本上准确地描述了与事实无关的那部分内容。不仅如此，产品语义学概念在大量吸收了语言学上关于符号和意义的理论后，又为它们提供了理论上的支持。换言之，抛开设计师的个人偏好不论，即便意义与各种价值没什么关系，即便这样会导致混乱，人们仍认为设计中所包含的意义比任何实用目的更重要。

另一个重要的趋势是由新兴技术带来的，如信息技术和弹性制造。它们专门定位在小规模的利基市场[①]，为满足具体需要，提供产品定制服务。一些设计师为了响应这一趋势，着手倡导新的方式。他们专门针对用户的使用习惯开发出整套的方法，建立硬件和软件之间的联系，在复杂系统的设计上充当战略规划师的角色。电子媒体采用的交互设计也面临着新的问题，即如何帮助用户驾驭庞杂的信息。对有购买能力的用户解释新技术是非常重要的。

这些变革不过是一个重复出现的历史模式的一部分。如上所述，设计史上每一个新阶段的出现都不会将之前的种种整个推翻，而是叠加在已有的成果之上，这就是贯穿设计史的轮回模式。它不仅有助于解释为何当下社会设计模式的构成中会存在如此多样的观念和实践方式，而且提出了一个问题——未来我们会在何种

① 特殊消费群体形成的市场，因其规模较小常被大型企业所忽视。

程度上面临类似的变革。未来具体会发生什么尚未可知，但是其征兆却确凿无误，比如新技术、新市场、新的商业组织形式都在从根本上改变着我们的世界。毫无疑问，新的环境下需要新的设计观念和实践。然而，围绕这个问题最大的不确定性在于：它们将为谁的利益服务？

第三章

实用性和重要性

尽管设计的各种表现形式在很多层面上深刻地影响着我们的生活，但其实现方式各不相同。此外，为了使看似混乱的状况显得有条理，有必要制定一些基本原则以供解释。为了达到这个目的，其中一个有效的手段是区分设计的实用性和重要性。通过区分实用性和重要性，我们将努力阐明讨论设计问题的过程中，围绕“功能”问题所产生的各种困惑。

1896年，美国建筑师路易斯·沙利文在《高层办公大楼的艺术考量》一文中写道：“所有有机的和无机的、物质的和非物质的、人类的和超人类的事物，所有头脑、心灵以及灵魂的真实表达中都渗透了一个普遍规律，那就是生命通过表达可被认知，而形式永远追随功能。这就是规律。”

这些观点很大程度上以达尔文的进化理论为前提，特别强调了达尔文关于适者生存的观点。到了十九世纪晚期，人们已经普遍接受了鱼类或鸟类形态的演变是对自然环境的回应的观点，至于动物和植物与周遭环境紧密相连的说法也成了老生常谈。在那样的背景下，功能优于形式的说法确实是很有说服力的。斑马身上的条纹，或者鹦鹉身上绚丽的羽毛，在不变的生存法则中都有着明确的目的。沙利文还认为功能中包含的装饰用途同样是设计中不可或缺的一部分。

沙利文的观点被浓缩成一句格言，即“形式追随功能”。这句格言后来成了设计中的一个时尚说法，虽然在这个过程中它本身已经发生了一些改变。设计的功能性被广泛地解释为它的实际效用，人们在此基础上推断出事物是如何被制造出来的，以及事物的预期用途应该如何通过形式得到合理的反映。这种推断忽略了装饰的作用，也忽略了意义的构成如何通过形式来表达，或者如何附着在形式之上。就这一点而言，我们还可以鼓吹另一句格言，即“形式追随想象”。换言之，与自然世界相对的人类生活常常从梦想和愿望中而非仅仅从实践中获得灵感和动力。

因此，功能成了设计中最受争议的一个名词。二十世纪早期，在“功能主义”的庇护伞下集结的一些主要思想清楚地表达了一种设计理念，这种理念反对十九世纪流行的华丽装饰。这种反对可能意味着许多事情，对一些设计师，比如曾活跃于二十世纪早期德国的彼得·贝伦斯而言，古典建筑和设计是灵感的来源之一。十九世纪的风格是不加选择地吸纳历史中所有的标准和文化，让人目不暇接。剥去装饰后产生的结果可能是规则的几何形式和令人满意的品质，这些品质与十九世纪典型的风格相反。传统的形式可以通过类似的方式简化和提炼，就像 W.R. 莱瑟比和戈登·罗素在作品中所呈现的那样。W.R. 莱瑟比和戈登·罗素是与贝伦斯同时代的人，也是英国工艺美术运动的继承者。虽然这两种趋势都与过去保持着关联，但它们都可以同时声称自己代表着当下。

第一次世界大战后，在欧洲兴起了另外一种完全否定过去的更为激进的趋势。与这一趋势相关的人物主要有荷兰理论家及风格派的领导人物特奥·范·杜斯堡、德国包豪斯学校的领袖沃尔特·格罗皮乌斯以及法国的勒·柯布西耶。他们发展了一整套关于抽象几何形式的理论，据称该理论最适合标准化的工业生产。然而，大规模制造技术也能生产复杂的装饰形式，而且就生产过程而言，装饰确实能提供优势。比如，二十世纪三十年代，在录音机塑料包装盒的生产中使用了重压技术，但这种技术很难生产出一个简单的盒状的东西，因为压制过程中产生的巨大压力会在宽大、平整的表面上留下“流水线”似的痕迹。因此，最好是通过一些办法将大块的表面进行分割，比如把表面分层，或者在上面加点、刻影线等等。人们对规则的几何形式的追求并非仅仅在于它反映了生产方式的内在特点，实际上，它更多是作为一种意识形态，反映了设计在工业社会中所起的作用。几何形式并不是最适合实践操作的，但它却成了一个最有力的隐喻，表现了机械化时代理想的形式应该怎样。我们可以从中获得数个概念，这只是其中之一。从流线型作业的水滴弧形和速度线中，我们可以得出类似的具有同样效力的概念。

过去，教条式的专断限制了形式研究的范围。我们需要一种综合性更强的定义来界定功能，并以此来取代教条主义的种种主张。该定义首先要能将功能的概念一分为二，即分为实用性和重要性这两个主要概念。

实用性可被定义为使用过程中的适合性。这就表示它所关注的是事物运作的方式、设计的实用效果范围，以及设计的示能性[①]或可能性的范围（反之又会产生怎样的后果）。让我们来举一个简单的例子。专门用来准备食物的菜刀，它的首要实用价值是作为一把切削工具。为了能够有效地工作，原材料必须使刀刃保持锋

① 指在具体的环境和文化下，人们认为物品所具有的功能。

利，而且在使用过程中不易变形（施压的时候，太薄的刀刃会晃动，使用起来不仅效率低而且十分危险）。使用时也要求刀把的手感好，能够被充分地、紧紧地握住。由于受制于技术和材料因素，实用性在此主要考虑的是效率问题。然而，高效在使用过程中也可带来相当的快感。当所有细节方面都被整合在一起，最好的菜刀便成了感官的延伸，它必然适合手的操作，令人产生一种微妙的均衡感和控制感，给人一种恰到好处的满足感。从这一点来看，效率代表着不同程度的回应和意义。在实践过程中，实用性和重要性紧密地交织在一起，所以，要将两者准确地区分开来有时确实很困难。

作为设计中的一个概念，重要性阐释了在使用过程中形式呈现意义的方式，或者说形式在这一过程中的作用和意义。形式常常是习惯模式和仪式中强有力的符号或者象征。与强调效率相反，重要性更多关注的是表达和意义。两个关于木制牙签的简单例子（极少有比它们更为基础的形式了）就可以阐明实用性和重要性之间的差别，以及它们通常具有的相似之处。

第一根牙签，市场上也称为“牙棒”，是由乔丹公司——一家专门生产牙具的挪威公司生产的。它长不足两英寸，呈楔形，不仅可在餐后十分有效地清洁牙齿和牙龈，也可随时维持口腔卫生。为了完成特定任务而精心设计的这么一个小件物品上凝聚了高度的实用性。

第二个例子是一根老式的日本牙签。它比乔丹牙棒要长半英寸，呈圆形，仅一端削尖，另一端是圆锥体切面，切面下方是几圈切口。削尖的一端很明显与物体的实用性（将陷在牙齿里的食物剔出）有关。乍看之下，另一端似乎仅仅是为了装饰，我们无法轻易地从它的形状中看出任何目的。然而，从日本社会的传统饮食模式中可以找到关于这一形式的解释。当用餐者跪在漆桌旁的榻榻米上时，这一设计则成了感性和优雅的表现。此时使用的大部分器皿和人工制品本身都是艺术品，尤其是餐桌，在它光泽的表面上常嵌有或绘有精美的图案。用餐时把牙签置于这样精美的桌面上是十分不雅的，所以人们发明了牙签座（实用性和重要性的另一个结合）。这样牙签就可以放置在牙签座上，并且避免已经使用过的那一端接触到桌面。这种牙签本身在设计上就已经解决了这个问题。牙签上的那几圈切口使牙签的一端能被轻易地折断，折断的部分可以当成牙签座使用，用来摆放已经使用过的牙签头。这个例子充分展示了，即便是最微不足道的实用物体身上也体现了某些价值。

当然，也有很多设计仅仅只具备实用性或仅仅只具备重要性。

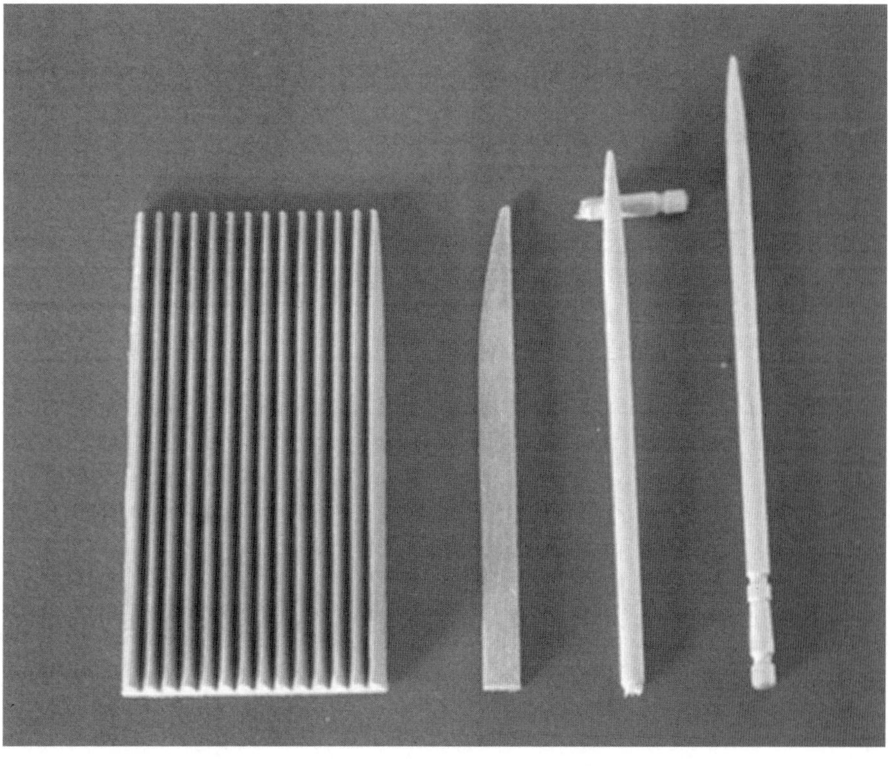

图7　牙签

比如，专门提供某些服务的产品或用途极其特殊的工具往往只具备实用性，如手锯、车床和医疗设备（如超声波仪器）。当被报道的信息具有很强的任务性时（如列车时刻表），排版和字体必须清晰、简明、直接地传递必要的信息。实用性设计最主要的一个条件就是它必须有效地执行或支持某项任务。然而，一件首饰、一尊瓷雕，或者一个装全家福的相框并无那样的特定目的。相反，它们的目的可能是使人达到预期的快感或起到一定的装饰效果。无论它们的意义是来自某个特定潮流或年代的社会品味，还是来自个人情感基础之上的对关系和意义的再创造，它们的重要性都是固有的，并不依赖于任何具体的示能性。

此外，除了明显以实用性为特点或以重要性为特点的事物外，还有无数的产品以惊人的方式将二者结合，它们既注重产品的功效又注重产品的表达方式。一件照明设备一方面是一件具有实用性的照明工具；另一方面，通过雕塑形式，它同时又表现出高度的个性，甚至具有独特的风格。在用餐时，餐具、刀具、玻璃器皿都有着特殊的用途。这些器物形态各异，常常被饰以复杂的装饰性图案。在我们这个时代最为典型的例子也许是汽车。从研发早期开始，汽车除了具有将人和行李从一地运往另一地的实用功能外，它实际上也是自我和个人生活方式的一种延伸。比如，劳斯莱斯汽车不仅展示了极高的技术工艺，同时也是社会成就和地位的一种象征。

然而，物品的重要性以及它们身上被赋予的精确价值，常常因文化不同而产生巨大的差异。在上面所提到的日本牙签的例子中，我们必须首先认识到深奥微妙的礼节与日本文化之间的特殊关系。由于不同的文化通过特有的方式表达不同的价值，这便引发了一些重要问题，其中包括文化是如何衍生出那些被编制成规则或规范的行为模式的。

图8　个人成就的象征：劳斯莱斯银色天使2000

但是由于产品的重要性随时空的变化而变化，产品的意义并非永久不变。比如，二十世纪三十年代在德国由阿道夫·希特勒（希特勒本人就是狂热的汽车爱好者）直接下令生产的大众甲壳虫汽车就是一个典型的例子。1937年，由德国一个正式的工人组织德国劳动阵线生产的第一个汽车模型——“欢乐力量的车子”，经宣传后成了展示纳粹党功绩的标志。第二次世界大战结束以后，大众汽车重新投入大规模的生产。二十世纪五十年代，它成功出口到美国，并成为风靡一时的时尚物品。它的设计在这段时期前后并没有任何改变，但是产品的意义却发生了显著的转化：在三十年代，“欢乐力量的车子”是法西斯主义的标志，而到了六十年代，美国人称它为可爱的“爬虫”。这辆车也是沃尔特·迪斯尼公司创作的《疯狂金龟车》系列电影中的主角。1997年，新款甲壳虫汽车一问世便迅速引领了美国的时尚，进一步加深了它意义上的转化。

文化的概念主要可以分为两大类，首先是文化即教养的观念。这种观念促使我们从被认为具有特殊价值的那些风格或行为中获得观念或能力。人们已经形成了一些等级观念：认定一场古典音乐会比一场摇滚音乐会更有意义，或者认定一件雕塑作品比一件工业设计产品更有价值。随着众多美术馆加大对设计作品的收藏和增加以设计为主题的大型展览的场次，显然在某种程度上，设计已经被逐步地纳入这个等级观念之中。然而，通常这种以“装饰艺术”为名、将设计概念专业化或排他化的行为并不是为了了解设计在现代生活中的作用，而主要是与美术馆为当代所树立的形象有关。

第二个关于文化的主要概念，同时也是本书讨论的基调，是从一个更概括的观点出发，将文化视为一个群体内部的共享价值。在这个意义上，文化是指不同的社会群体特殊的生活方式，尤指通过学习获得的行为模式，经由价值观、通信系统、组织机构和人工制品等方面来表现。文化渗透到日常生活中的方方面面，它包含了在不同情况下人们实践它的方式。文化让我们考虑将设计的范围进一步扩大，并帮助我们了解设计在人们生活中所起的作用。如果将讨论范围扩大，它还能够将更出色的定义纳入进来。

文化价值的影响是多层次的，正如设计品在艺术处理和作品内涵上所反映的那样。过去，不同地方的人们生产不同的产品，这些产品在整体上功能相近，最终大大丰富了该产品的内涵。在某种程度上，这一现象现在依旧存在。比如，当我们考察食物的烹调方法时，我们会发现，在中国人们仍旧只用一口锅来烹调大部分的食物，而在欧洲特定的平底锅有着特殊的用途。前者烹调出来的食物需要用筷子来帮助食用，而后者则备有一套专门的刀具。随着时间的推移，特定的文化背景、习惯和价值观在许多方面都照着各自的方式形成，借由特定的形式来表达。

在面对具体的时空特点时，我们主要会遇到两个方面的难题。第一个难题是我们需要适应现存的文化模式，在不破坏或冒犯现存文化模式的基础上，试着与其结合或者与之同化。第二个难题包括应对这些模式中不可避免的变化。与前者相比，后者要复杂得多。

如果产品简洁且实用，问题似乎会少很多，也不会如此迫切，还能将文化冲突的可能性降到最低。国际市场中流通的大量奢侈品，如爱马仕皮具，尽管价格昂贵但本质上并不复杂，可以做统一的设计。

不了解文化差异的力量会造成惊人的后果。二十世纪八十年代初，哈佛大学市场营销专家西奥多·莱维特因提出全球化理论而名噪一时。他认为产品的差异性在逐步减小，标准化产品将会是全球未来的营销手段。与此同时带有几分巧合的是，家用电器制造商伊莱克斯公司的管理层也认定欧洲应该是一个专售冷藏或冷冻冰箱的市场。他们认为欧洲就像美国一样，靠几个大型制造商提供几款固定的设计就行了。伊莱克斯公司为推行这一目标于1983年制定了相应的政策。然而，由于欧洲拥有众多的文化背景，它们强硬地拒绝接受美国的模式，伊莱克斯公司为此付出了昂贵的代价。例如在北欧，人们每周购物一次，因此冷藏和冷冻的空间必须大小相同。在欧洲南部，人们仍习惯每天在当地的市场购物，他们需要小型的冰箱。冷冻蔬菜在英国比在世界上其他任何地方都更受欢迎，所以冷冻室需要占用60%的空间。有些人希望冷冻室位于上部，有些人则希望冷冻室位于底部。伊莱克斯公司试图使生产更加简化，但七年过去了，它的生产中仍包含了一百二十种基本设计，这些基本设计又衍生出一千五百种变形，同时它还发现有必要研发新的冷藏柜以迎合具体的利基市场。

包装和视觉形象也可能暗藏危险。可口可乐公司前任执行长官罗伯托·戈伊苏埃塔说，该公司进入中国市场后，才发现公司名称的音译为“蝌口嗑蜡”（啃蜡制的蝌蚪）。人们在主要生产开始前发现了这个问题，聪明地将包装上的中文写成了“可口可乐”，表示好喝又能带来快乐的意思。

又如东亚一款知名品牌的牙膏，在数十年间都采用“Darkie”（对黑人的蔑称）这一商标销售，这又是一个漠视全球化时代文化危险的例子。牙膏的包装上是一个卡通式的滑稽演员，黑脸，头戴大礼帽，牙齿泛出珍珠白的光芒。起先在当地市场销售时，人们似乎并不觉得会引起什么问题，但是，当1989年高露洁—棕榄公司收购了这个产品的香港制造商后，却在美国遇到了意想不到的麻烦。在美国，一时之间流言四起，传言这家公司正在销售一款带有种族歧视的产品。随即，该公司纽约总部外就出现了高举横幅的示威抗议者。为了安抚美国批评者同时又不破坏这个亚洲知名品牌，高露洁—棕榄公司试图将商标定为“Darlie”，并重新设计了视觉形象与之匹配。包装上的形象被修改为一个优雅的时髦男子，仍然打着白色的领结，戴着大礼帽，现出一口闪闪发亮的牙齿，但却没有标明他的种族身份。

然而，全球化不应该仅仅被视作适应或顺应的问题。西奥多·莱维特指出了技术和传播的发展趋势将会通过何种方式将全球联系在一起，进而从根本上改变一些文化观念。在这些方面，他的观点确实有几分道理。全球化带来的影响表明文化并不一定需要依靠特定的环境，每个人不一定都遵守着一套大致相同的价值与信仰体系。全球化将有可能带来一个与我们所知的文化都不同的文化。未来的文化模式在很多层面上都将趋向多样化而非同质化，将强调文化创新而不是留恋文化遗产。但是，任何类似的转型都不是简单的，也不容易达到。

设计可以使不同国家、不同种族之间的价值观发生改变。设计的作用可能体现在产品层面，比如摩托车和电视机，然而，全球电视广播和广告中不断出现的影像冲击、交互式网站中简易又适合操作的配置，或企业的形象所带来的影响应该更大，比如美国有线新闻网、亚马逊网，又如麦当劳、可口可乐公司等。由于它们无处不在，人们又普遍受其吸引，因此导致了大量的冲突，并受到法国民族主义、印度和伊斯兰国家宗教激进主义等多方的抨击。抨击各方的背景和依据各不相同，但都以保护文化身份为名义，共同抵制全球设计图像代表的新世界主义模式。当然，将所有的反全球化行为都与极端组织挂钩是错误的。有许多人士真正担心的是，那些看似无关、对其行为又不负责任的力量往往会造成地方性的失控和身份的丧失。虽然人们能够观看到世界另一端的更新报道，但这种便利并不能弥补它们对孩子们产生的巨大影响。这些影像和行为充满异域色彩，但同时带有一定的胁迫性。即便从一个比较世俗的角度出发，这也容易触犯到他人的习俗。比如，日本一家大广告公司给一款美国肥皂做广告，广告中描述了一个男人走进浴室，此时他的妻子正躺在浴缸里。在美国，这可能被理解为一种性诱惑，但在日本却被认为有伤风化，让人无法接受。

我们不能将这些回应当作是改变引起的必然结果，进而忽略它们。在任何水平下，与世界同步交流的能力都算是一个了不起的进步，当这一能力被认为是一种威胁时，技术的作用和力量确实是一个问题。的确，国际市场上充斥的产品太多，服务泛滥，但人们极少甚至可以说是完全没有考虑到它们是否能被理解或被方便地使用。利用全球设计中的一致性作为解决问题的基本原理，这样的设想会引发新的问题。其实，只要做出少许规划，我们就可以确保合理地顺应当地的情况。

很明显，人类能够在一个相当广的可能性范围内创造出富有意义的形式。最为意味深长的是，形式可体现抽象意义，超出有形形式的界限，成为宗教和信仰符号，表达人类最深层的信仰和渴望。无论是太平洋岛屿上的部落、北美大平原上的图腾，还是佛陀、湿婆（印度教的主神之一）的雕像，又或是基督教的十字架，这些具体的形象本身并不影射它们所代表的信仰和价值的复杂性。然而，人们认为这些符号反映了客观的社会事实，所有信徒都能领会它们所象征的意义。与此同时，人们在不与某文化内其他主要信仰模式冲突的情况下，也可以将强烈的个人目的投射到一些物品上。

1981年，两名芝加哥社会学家，米哈伊·奇克森特米哈伊和尤金·罗奇伯–霍尔顿联合发表了一项题为《物品的意义》的研究成果。这项成果讨论了物品在人类生活中所扮演的角色。他们写道：

> 人们可以极其灵活地在物品中附加或解读出各种意义。几乎任何物品都可被赋予一系列的意义。尽管物品的物理特性经常偏重于某些意义，但它们并不能决定物品能传达哪种类型的含义；同样，当文化内的符号惯例与具体物品发生交互作用时，前者也无法完全决定后者能产生的意义。至少，每个人都有可能从他或她各自的生活经验中发现并编织出一张意义网来。

在大规模生产和广告业发达的时代，我们并不太信任人们能够将意义附加在物品之上，也不太相信在设计师、制造商原本的构想之外，人们能从一件物品、一种传达中想象性地创造出某种意义。 我们总是强调推行产品的意义模式，使客户与制造商的立场一致。人类将精神力量投射到客观物品上的能力异常强大，因此，学习并了解设计的重要性是非常有意义的。在某种重要的意义上，有人认为设计过程的结果，即最终产物，不应该成为研究和理解设计的中心问题，而应该被看作是设计师的意向与用户需求和感受之间的相互作用。正是在这个互动的层面上，才产生了有关设计的意义和重要性的讨论。基于这个原因，在接下来的章节中，我们在更加细致地探讨设计的结果时，将不会使用平面设计或工业设计（尽管会有必要讨论这些术语）等专业设计活动中通用的分类，而是按照概念范畴分为物品、传达、环境、系统和形象设计。在其中我们不仅会进一步研究设计者，同时也会研究用户的反应与参与。

第四章

物品

“物品”这个词被用来描述日常活动中，人们在家、公共领域、工作场所、学校、娱乐休闲场所和交通系统等环境下，接触到的数量庞大的三维立体人工制品。从简单的专用产品（如盐瓶）到复杂的机械装置（如高速列车）都属于这个范畴。其中有些是人类想象的表达物，另一些是高科技的产物。

人们将可以或应该怎么生活的理念注入有形的物品，而物品就成了这些理念的重要表达方式。物品传达的即时性和直接性，不仅仅是视觉上的，也可以涉及其他感官。比如，我们对于汽车的体验不仅来自它的外观，也来自对于座椅和操控性的感觉、引擎发出的声音、车内装饰发出的味道，以及行驶的状况。从多个方面协调感官效果能形成一种强大的累加影响。物品的构思、设计、感知以及用途等方面的多样性为我们提供了理解及阐释的多重视角。

在专业实践中，对这个术语的界定非常复杂。“产品设计师”和“工业设计师”这两个称谓在现实中是可以互换的，它们都表示在协调技术与用户的关系的基础上设计产品形式的人。“风格设计师”这个称谓使用的范围更为专业。它通常被用来指称那些在商业操控下，执着于从审美上区分产品形式的设计师。“工业艺术家”是早期使用的一个术语，现在偶尔还会使用，它也从审美的角度强调了形式。许多建筑师也像设计师一样，使用多种方法。对于特别复杂而且性能要求又十分具体的物品，工程设计师会在技术标准的基础上决定它应该采用的形式。面对复杂的物品时，这个情况会变得更加复杂，必须要求多学科团队的紧密协作。

在上一章的结束部分，我们讨论了设计师与用户各自关注方面的相互影响。总而言之，在这个基本结构内，有一些设计师总是更专注于他们自己的观点而不是用户的想法。二十世纪八十年代，在后现代主义名下集结了一批理论观点，这些观点进一步强化了这一做法。它们强调设计的语义价值而不是实用价值。换言之，人们在构想和使用产品时，参照的主要标准是它的意义，而不是它的用途。这些概念关注的焦点是设计师而非用户，从而导致生产出来的产品形式随意，与其用途少有或没有任何联系。但是，这些形式却被其“意义”赋予了存在的合理性。比如，除了那些长期以来生产的、经典的、造型十分简洁的家用产品外，意大利的阿莱西公司近几年生产的一系列产品都反映了这种趋势。其中，最广为人知的应该是菲利普·斯塔克设计的名为“Juicy Salif”的柠檬榨汁器。斯塔克在设计造型独特、引人注目的产品方面非常有才华。他设计的这个榨汁器在实际操作中完全无法完成其宣称的功能，然而，它却妄图成为“家用电器的楷模”。比起一个造型简单但效率高得多的机器，这个可以用来装饰厨房、富于时尚品味的榨汁器，将花掉你差不多二十倍的价钱。实际上，由于它主要是为了让商家获利而非为顾客提供服务，或许叫它“剥削器”应该更贴切。

无数的公司积极地采用这种特殊的设计方式，来给利润率低

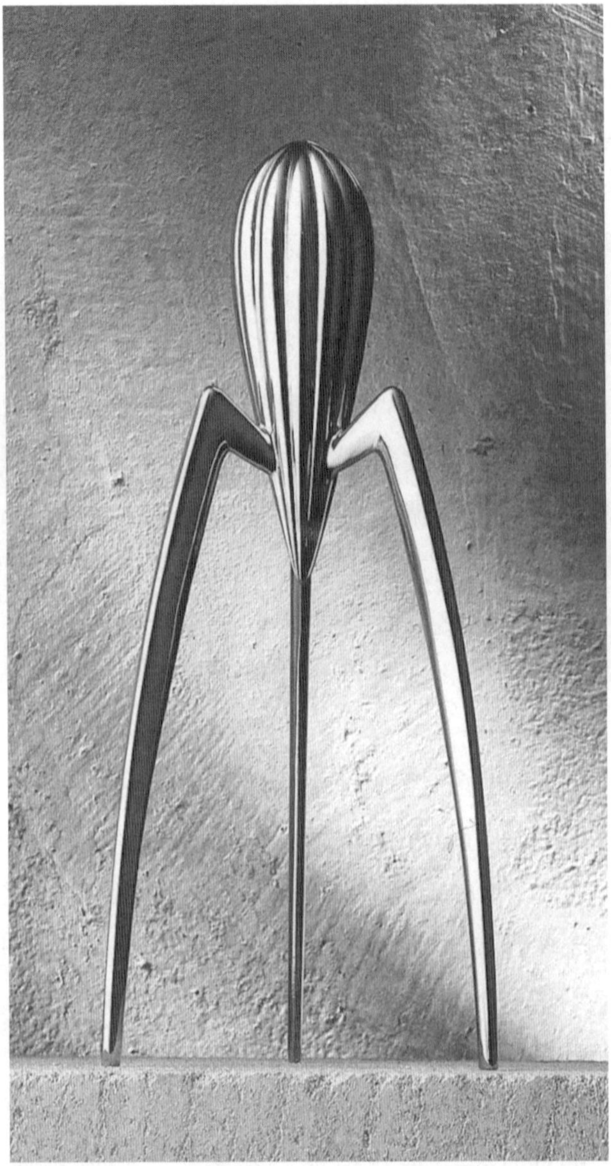

图9　高价低效的新时尚：菲利普·斯塔克为阿莱西公司设计的“Juicy Salif”柠檬榨汁器

的产品注入附加值。结果，后现代主义的设计概念被大量用于商业目的，将原本高效、廉价、易得的产品转变成了无用、昂贵且难求的产品。对意义的强调甚至呈现出一幅拥有无限可能的远景。人们不断更新形式，但这些形式与目的关联甚少，或者根本无关。它们将制造商的利益放在第一位，导致产品堕入时尚更迭的潮流之中。

时尚主要依赖于大众对于舒适性的界定，但现今人们却受到他人做什么和买什么的左右。这也是人性内在的特点。从这个视角来看，商品是社会和文化地位的标志。随着在发达工业国家人们可支配收入的增多，人们具备了炫耀性消费的能力。毫无疑问，一方面它加大了对个性产品的需求，另一方面消费者也受到了更为强烈的控制。这一现象引发了诸多反应，其中之一便是所谓的“设计师品牌”。经证实，这个手段非常有效，尤其是对于所有产品里那些更奢华的产品而言。

费迪南德·波尔舍[①]是其中一个很好的例子，其祖父是原大众甲壳虫汽车的设计师。费迪南德从家族汽车公司入行，1972年拥有了自己的设计室。他的设计活动包括有很强实用元素的大型产品，比如为曼谷公共交通系统公司设计的列车、为维也纳设计的有轨电车，以及高速游艇。但是，他最有名的设计是与主要几家大制造商联合生产的高级个人用品，包括烟斗和太阳镜，都设计得十分精巧。这些制造商（如辉柏嘉公司或者西门子公司）本身就有很高的知名度，但在销售产品时，商标上仍注明由波尔舍设计。该设计本身已成为奢华商品的时尚标志。

如果我们将所有遵循“以设计师为中心”的方法都认定为只是通过区分形式来增加价值，那么我们就会产生曲解。有些设计

① 保时捷汽车公司的创始者，该公司即以他的姓（Porsche）命名。

图10　实用、便利的设施：波尔舍为维也纳设计的有轨电车

师洞察人们的生活，将不明显的问题通过有形的、可触的方式来展现，他们所设计的产品从根本上对这些问题提出了新的解决方案——换言之，他们满足了用户自己都没有意识到的需求。这是设计能起到的最富有革新精神的作用。

从这个意义上来说，现代社会中对于形式最具影响力的人物

图11　仓门式后背汽车的新型典范：吉尔盖多·乔治亚罗在1974年设计的大众高尔夫汽车

之一是吉尔盖多·乔治亚罗。乔治亚罗也是从一名汽车设计师起家的，他曾替菲亚特汽车公司、贝尔通汽车公司、吉亚汽车公司打过工。1968年，他与两名同事一起创建了“意大利设计公司”。世界上再也没有其他人像乔治亚罗那样对汽车设计的方向产生过如此巨大的影响了。他在1974年设计了大众高尔夫汽车，这款车成了小型仓门式后背汽车的典范。他在1978年为蓝旗亚汽车公司设计了第一款小型货车。他的作品最典型的特色是外形简洁、线条干净，没有多余的装饰。意大利设计公司最初做一些工业设计，1981年后又成立了分公司——乔治亚罗设计公司。这个公司专注于更广的产品市场，包括照相机、手表、特快列车（即使是这类产品上也有他的标志）、地铁、小型摩托车、家用电器、飞机内部装饰以及街道设备。近来，他又设计了很多个性化的时尚商品。

对于有些设计师而言，为了保证作品的完整性，必须在设计上保有一定的控制权，这是设计实践中至关重要的因素。如果既想保有设计上的控制权，又想在市场上取得巨大的成功，那么就不仅需要有创意，而且必须具备高度的商业敏感。斯蒂芬·皮尔特经营的文特设计公司将总部设在加利福尼亚。这家公司因具有创新的理念和高质量的设计而享有盛名。众多大型公司为获得他的青睐而争相竞争，所以皮尔特无须为他的产品销售而烦恼。为了节省开支，同时保有同委托人就设计进行磋商的可能，他拒绝扩大公司规模。若是他的设计理念在未经他许可的前提下被擅自更改，他可以宣布合同无效。由于坚持了这样的规定，所以他能够保持设计的整体性。

在有些公司，个人的影响力可能起着决定性的作用，特别是在产品理念的定位，即它们在人们生活中该充当何种角色的问题

图12　简约风格：博朗公司生产的AB 312 型旅行闹钟，由迪特尔·拉姆斯和迪特里克·吕布斯设计

上。以家用电器（如烤面包机、食品搅拌器和吹风机）领域为例，这些产品实际上每天只在很短的几分钟内被派上了用场。所以，关于产品的形式在其闲置时所起的作用就成了我们该关心的问题。

德国设计师迪特尔·拉姆斯将产品比作一位优秀的英国管家：在使用时，产品应该提供安静、高效的服务；在闲置时，它应该退居于一旁不显眼的位置。（白金汉宫一位退役管家曾建议出演《告别有情天》的演员安东尼·霍普金斯："当你在一个房间里时，这个房间应该显得更空旷。"）直到二十世纪九十年代中期，拉姆斯在长达四十多年的时间内给博朗公司所做的设计采用的都是简洁的几何形式。他基本采用无彩色设计，主要用白色，细节处使用黑色和灰色。主要的色彩用在小处（如开关），通常有极强的目的性。博朗公司逐步建立的这套美学理念成为了二十世纪晚期家用电器设计领域最具影响力的势力之一，它为公司塑造了一种可直接识别的标志。后来者争相效仿，但能与之抗衡的很少。

相反，在斯特凡诺·马尔扎诺的指导之下，荷兰的飞利浦公司设计生产的同类产品试图呈现更为强烈的视觉形象。飞利浦公司的产品由一系列朴实简单的形式加上明亮的色彩设计而成，意在表明这类产品在闲置时也要在家庭生活中展现出鲜明的视觉效果。

当具有高度个性和创新性的形式与提高产品实际性能的目的相结合时，这些设计会变得相当成功。由乔纳森·艾夫设计、由苹果电脑公司于1998年推出的iMac系列电脑，一反之前常用的"牙膏色"，采用了透明的塑料外包装和配件，一时之间引起了轰动。艾夫在iMac系列中革新了电脑形式的设计理念。在这个系列中，他巧妙地通过形式强调了电脑的可亲性和连通性，将产品指向那些从未使用过电脑的人群。这种设计显然引领了一股潮流，这种透明色被四处滥用，渐渐变得重复而空洞，随即，另一波时尚接踵而来。

图13 风格和连通性：由乔纳森·艾夫设计的iMac系列电脑

设计师本来就要通过设计来张扬个性，大部分的设计师都被培育成独立的创作个体，设计文献中无数的参考资料都指向“某位设计师”。毫无疑问，对于某些种类的产品，尤其是那些体积相对较小、技术含量不高的产品（如家具、照明设备、小电器和家用器皿），确实需要展现它们特别的风格。然而，在那些规格稍大的物品中，强烈的个人风格也可以产生强有力的影响。大量的设计师都被聘请来实践某个常常被忽略掉的概念。因为很多成功设计师的“个性”大多体现在富于创意的管理中而非实际的设计工作中，所以强调个性本身就有问题。因此，我们有必要将完全独立工作的设计师和处于团队工作中的设计师加以区分。对于后者而言，组织管理和加工处理与设计师的创造力具有同样重要的意义。

当一个小型设计顾问公司慢慢发展壮大时，设计师必将耗费一定时间在管理活动上，这使得个人的创作水平难以得到保持。

米歇尔·德·卢基在米兰拥有一个大约五十人的顾问团，他的客户遍布全世界。但显然，并不是所有的咨询工作都由德·卢基本人完成，虽然他会确定方向并制定各种标准。但是，他为了保持自己的设计能力，同时还创建了一个小型的制作公司，确保他在一定程度上能够继续亲身探索个性的表达，而这一切在严格强调正规作业的集体中是不可能实现的。

然而，在设计工作的其他领域盛行着另外一种风气。许多设计顾问公司并不指向单一的个人，而是以事务所的形式出现。这些事务所麾下常有许多雇员，办事处遍布世界各地，涉及众多领域。其中最有名的当属一家英美联合设计顾问公司——IDEO设计公司。二十世纪九十年代末，它已经在伦敦、旧金山、帕洛阿尔托、芝加哥、波士顿和东京设立了办事处。梅塔设计公司在德国成立后，也走国际运营路线，它在旧金山和苏黎世都有分支机构。有些顾问公司提供一般性服务，其他一些则专攻某一个特殊领域。波士顿的设计连续体公司在设计医疗设备方面具备专家级水准，它十分重视设计师与机械师之间的紧密合作。顾问工作中的一个常见的特点就是团队合作，但是团队合作也许会掩盖个人的具体贡献。

企业的设计团队只需专注于具体产品和步骤的设计，生产操作由公司来执行。这样一来，它们能够深挖具体问题，研发出几代产品。同样地，它们会采用许多形式。这样的团队目前面临的问题就是，如何在保有细致而精确的专家水准的同时避免陈旧，这就意味着需要时时给团队注入新鲜的刺激。为了保持设计的连贯性，一些团队会固定一小部分的内部成员。同时，为了拓宽视角，它们会不时地吸纳新的顾问人员。另外一些团队，比如西门子公司和飞利浦公司，为了在同外部团队竞争时中标，要求团队的所有成员都像内部成员一样工作。但在工作之余，员工也可以接其他的工作。有些巨型企业，尤其是日本的一些公司，拥有庞大的内部团队。这些企业常常拥有一个由四百名设计师组成的团队，有时团队的规模更大。这些设计师中有很多人可能只是负责一个很具体的环节，对现有产品做一些细小的变动，努力满足更广泛的喜好。

如果说在设计思考和批评中提及“某某设计师”会产生个人偏好，那么另一个广泛流传但具有争议的指称——“某某设计过程”则暗示了实际操作中并不存在的一种统一性。实际上，为了适应设计者工作的对象和环境的巨大差异，设计过程也是多样的。

在这个范畴的一端是一些高度主观的过程。这些过程基于个人洞见和经验之上，我们要对它们进行解释和限定会很困难。尤其在公司里，一切都是靠金融和销售方法所展示的“各种事实”说话，这些过程往往会很容易被人忽略。然而，我们在经济和商业理论中达成了一项认知。在很多学科中，基于经验和洞见所获得的那部分知识，即所谓的隐性知识，可成为储藏巨大潜能的重要仓库。虽然这并不意味着设计的能力必须限制在隐性的范围内，但是许多设计知识实际上就属于这一种。在设计中，我们非常需要拓展可替换的知识形式。这些知识形式能被建构并适于传达，换言之，这些知识就是所谓的编码知识。

大部分应用学科，如建筑学和工程学，都有一套关于其实践内容和实践行为的基本知识和理论。它们为任何学生或者感兴趣的外行人搭建了一个平台和一个起点。设计面临的最大问题之一就是缺少一个类似的基础。强调隐性知识意味着许多设计系的学生必须做重复劳动，以非系统化的方式从操作中获取知识。实际上，比较理性的调查和工作的方法反而被认为是不重要的。

比如在那些强调形式差别的地方，隐性知识作为主观方法也许适用于小型工程。相比之下，大型工程牵涉了复杂的技术问题，需要协调各个层次间的相互影响，个人直觉不一定能够处理所有必然的状况。针对这样的工程，合理且高度组织化的方法能够确保工程的所有方面被视作一个平台。在这个平台之上，通过具体的操作，人们可以创造性地解决问题。比如，在极度重视物品与顾客契合度的地方，人机工程学依靠人文研究提供的各项数据，能够确保形式在一定程度上合乎任何特定人群的需求。由唐·查德威克和比尔·斯顿夫为赫尔曼·米勒公司量身设计的“阿埃隆铁铝合金椅”就是在极其细致地参考了人机工程学数据后进行的创造性发挥。这款办公椅设计精巧，考虑周详。

人们研发出计算机辅助方法，将它们用于分析重要的、复杂的问题。其中一款名为“结构规划”的程序是由查尔斯·欧文在

图14　形式和人机工程学：由唐·查德威克和比尔·斯顿夫为赫尔曼·米勒公司量身设计的“阿埃隆铁铝合金椅”

芝加哥伊利诺伊理工大学的设计学院里研发出来的。依靠计算机的辅助，人们将问题分解至构成要素，详细分析构成要素后，将其重新装配成新的更富创造性的综合体。一些公司（如世界上最大的办公用品制造商——斯蒂尔凯斯办公用品公司）利用结构规划程序对复杂的大规模市场做出前景预测，提供发展建议。科勒卫浴公司经营卫浴设备，它运用这个程序生成了大量的产品提案，其中一个已经上市的产品便是嵌入式浴缸。沐浴时，入浴者能够将水注满内部的浴缸，享受深层浸泡。

在概念形成方面，市场分析是一项长期使用、强而有力的工具。在二十世纪八十年代早期，日本佳能公司的设计组考察了复印机销售模式，发现市场被非常昂贵的、具有切削刀技术的大型机器所占据。基于现今已被广泛认可的技术，设计组推测体积相对较小、造价相对较低的个人复印机应该切实可行。因为推测合理，佳能公司获得了巨大的市场成功，在这个领域赢得了优势地位。

在另一个层面，人们也从人类学和社会学等学科中借用方法论，试图了解用户存在的问题。比如，利用行为观察方法可以预见人们在不同情景下（如工作环境、购物或者学习中）可能遇到的困难。在时空之内进行的详细观察可以揭示出种种困难，而这些困难又可以通过新的设计予以解决。

尽管大多数物品在生产时都被赋予了特定用途，但是，当我们从设计师最初设想的角度进行分析时，仍会遇到一些问题。在实际使用过程中，人们常常破坏或颠倒设计师的原意，人们非常善于将物品用于其特定用途之外。（想想一个金属书夹能够用于其他哪些用途。）一把椅子可以是一个座位，但也可以用来堆放纸张或书、悬挂衣服、撑开房门，在换灯泡时，还可以用它来垫脚。按制造商最初的设计，录像机是用来播放已经录好的录像带的。但是，用户不久就开始使用空白带来录制电视节目，以供他们在方便的时候观看，这样就可以不再受广播公司的限制。尽管并非所有情况都如此，但就一般而言，附加功能可以补充或丰富原来的设计意图。比如，大量警察局的记录显示，餐刀或者剪刀很容易成为伤人的凶器。

一些制造商试图把用户的这项能力作为一种有利资源。如果不知该如何处置一项新技术或新产品，他们常常以体验形式将其投入市场，鼓励用户试用，以期用户强大的改造能力能够挖掘出这些技术或产品的实用性。我们在研发“即时贴”系列产品时，一方面依靠3M公司研制出的可反复粘贴的黏合剂，但另一方面主要还是从人们对普通纸张形式拓展性的使用（如书签、传真标签、购物单等）中得到了启示。运动鞋的设计也受到了大街上年轻人各式标新立异的穿法的启发，它也是沿着相似的路线演变的。

1951年，英瓦尔·坎普拉德在瑞典成立的宜家家具公司又是一个鼓励消费者参与的例子。宜家连锁店现今遍布世界各地，邮购业务发达。通过消费者参与的形式，宜家家具公司已经重新界定了产品的生产过程。为了方便运输，它生产的组件都能进行平板式封装，而且每个组件的设计都必须确保消费者在购买后能在家里轻松地进行组装，这样一来，就节省了大量的费用。消费者能以更低廉的价格购买产品，从中获得实惠。另外，宜家的成功还归功于它一贯坚持的设计追求。瑞典现代的工艺美术风格是宜家的主要设计追求，这个风格贯穿了所有的操作过程，使宜家家具公司能在世界市场上保有地方特色。然而，这在不同的使用环境中也会出现一些问题。比如，当宜家家具公司生产的床第一次投入美国市场时，床的尺寸和美国通用的床单被褥的尺寸居然不配套。

当我们考虑哪种程度的革新比较恰当，何种设计方法最适合某些特定产品的时候，生活周期的概念变得极为重要。任何新产品刚问世的时候，不确定性因素大量存在，典型的形式试验能探测到多种可能性。当市场形成并稳定以后，产品获得了一系列具体特性，并逐步变得标准化，此时，侧重点会偏向产品的质量和价格。例如，二十世纪八十年代初，尚处试验阶段的个人电脑存在着大量的可能性。随后，IBM公司推出的个人电脑形式逐渐占据了主导地位。与此同时，苹果电脑在平面设计中得到了广泛的运用。近来，基于高效、经济的生产系统，戴尔电脑公司或康柏电脑公司逐渐成为了关注的焦点。这些公司的产品基本质量和性能都毋庸置疑。在市场已经逐步完善并日趋饱和的情况下，人们普遍开始关注电脑的附加功能和感官上的差异。在手机通信等系统日趋激烈的竞争之下，固定电话已经发展到了所谓的“功能蔓延”[①]阶段。一部电话可能拥有八十多项功能（大部分功能都匪夷所思），形式烦冗，有香蕉、西红柿、赛车、运动鞋以及米老鼠等形式。

由于有些产品的基本形式是从功能的角度确立的，想改变这些形式异常困难，所以，它们能成功地抵制这种滥用现象。以电熨斗为例，台板式设计能够非常好地契合它的工作，之后的设计只能在现存形式上做小的改动。

在针对各类问题制定的法律、法规中，可能有些并没有明确提到设计，但它们都对产品性能设定了严密的参量。这些法律、法规成了设计活动主要的约束。在美国，产品责任法规定制造商需对产品造成的损伤负责；《美国残疾人法》规定环境和交通设备要为残疾人提供通道。在德国，一系列的环境立法要求产品或包装使用可回收材料，而且制造商要负责商品包装的处理。若产品说明书中未包含这些要求，制造商将为此付出高昂的代价。

当代设计师需要面对的更多挑战是与不断发展的技术保持同

① 指软件过分强调新的功能，以至于损害了其他的设计目标。

步。二十世纪，电力取代了机械能源，到了世纪末，电子技术大肆进入各个领域，这些都从根本上改变了很多物品的特性。小型电路板携带的双重功效和电脑芯片惊人的处理能力早已推翻了形式反映功能的理论。处理过程不再可视、可触或清晰明了，承载这些技术的载体要不就没有个性特征，要不就受形式操纵，试图引领时尚或生活方式的走向。

比如，全球使用的自动柜员机就是个性缺失的一个典型范例。这些柜员机常常被嵌入建筑物的墙体内，是银行的交付点，承担一度只有银行柜员才能提供的服务。这项服务的完成，必须依赖于硬件和软件的结合。首先，它的物理结构必须能够保护到机器内的现金。另一方面，对于用户而言最重要的是它的软件系统。为柜员机设计的交互式程序要确保用户能够提取到现金。所以，自动柜员机作为一件物品，其本身并不重要，重要的是由计算机支持的系统界面。自动柜员机带来的便捷是对先前处理方式的巨大超越，然而，它们常常被时下的理论引用，沦为人类异化的证据。然而，并非技术造成了人类的异化，而是在面对新问题时，我们采用的设计方案欠妥当。

有预测显示，在未来，微芯片将引发更大范围内的物品革命。椅子可内置传感器，能够对坐着的人做出反应，根据他们的体积和习惯姿势进行自动调节。同样，我们也能想象，运动鞋在不同情况下做出的相应调整，无论穿鞋者是站立、行走还是跑步，不管他们是在柏油碎石地面、草地、沙滩还是岩石上。

但是便捷的形式使设计师和用户之间的关系出现了更多问题。物品是否主要是设计师通过努力操控来创造欲望、表现自我的玩具？或者，它们确实是设计师根据用户的需求或发现用户的需求，在意义和应用方面做出的回应？

第五章

传达

在这里，“传达”作为一个简略的术语，被用来讨论在现代生活中使用范围很广的平面材料。平面媒体形式已经扩张到我们生活的各个方面，我们到哪儿都不断地受到视觉图像的轰炸。它们可以起到通知、命令、影响、鼓动、混淆或激怒的作用。无论是从正面的还是从负面的意义上来说，它们的影响都很深远。无论是打开电视机，浏览互联网，还是沿着一条街道走，翻阅一份杂志，或者走进一家商场，我们都会遇到大量的标志、广告和各种大大小小的社会宣传。有些图像（如一个街道标志）可以是永久的，但是与物品相反，绝大部分的传达（如报纸和广告材料）都是短暂的。

同时，我们有必要注意到物品和传达之间另外一个重要的区别。物品本身可以通过视觉形式存在，即使在没有其他参考的情况下也能使用。比如，一个花瓶或供小孩子玩的乐高拼装玩具，并不一定需要配备任何文本来帮助我们了解或使用它们。它们本身具备的视觉或者触觉品质就能直接传达非常有效的信息。但是，平面图像与物品不同。作为个人表达的一种方式，这些图像在传

图15　竞争视觉化：香港特别行政区街道上的各式招牌

达中具有很强的即时性。它们能够强而有力地刺激生成一系列的反应，虽然我们无法精确或者提前计算出它们产生的影响。但是，为达到不同的实际目的，在诸如地图或图表之类的形式中，我们通常需要用文本来补充平面图像，以获得一定程度的精确性。我们尝试着通过图标和图形符号来进行有效的意义传达，尤其是当用户来自不同国家、使用不同语言的时候。目前，我们的努力已经取得了一些成功。奥托·艾克为1972年德国慕尼黑奥运会设计的明了易懂的标志系统，是这方面经典的范例。这组标志系统被后人大量效仿。然而，仅用一则广告或一本宣传册作为产品的使用说明，或者仅张贴一幅图或图表，而没有任何形式的文字说明，通常都稍嫌含混，难免会造成歧义。所以，要实现有效的传达，文字和图像制品的结合是非常重要的。

与物品设计一样，传达设计中包含了大量不同类型的实践，

图16　无界限传达：1972年，奥托·艾克为德国慕尼黑奥运会设计的标志系统

其覆盖范围相当广。传达设计活动中出现得最多的当数“平面设计师”。这个术语最先出现在二十世纪二十年代，专指负责平面图像设计的人。然而，就像设计中的大多数术语一样，这个词也会造成一些混淆。它包括为小公司设计笺头的设计师，也包括为大公司设计视觉识别程序的设计师。然而，无论是哪个层次的操作，平面设计师都要使用同样的标志、符号、字体、颜色和式样来生成信息和组织资料。

与物品设计师一样，平面设计师也可以作为顾问或组织内部的成员。有些平面设计顾问有很鲜明的个人风格，比如美国设计师阿普丽尔·格雷曼。在美国接受完初级训练后，她来到了凸版印刷术发源地之一的瑞士继续学习。她是为人所熟知的将计算机运用到设计中的先驱，被称为“用鼠标从事设计的女性领袖”。格雷曼利用计算机的功能将多样的材料、不同种类的图像和文本相叠加，完成了令人耳目一新的、充满了深度和复杂性的作品。在洛杉矶经营自己的事业许多年后，她于1999年成为了五角国际设计公司的合伙人。像这个公司其他所有的合伙人一样，她对自己的作品全权负责。

平面设计咨询服务可以以大型组织的形式存在，最有名的平面设计咨询公司也许就是由已故的沃尔特·兰多尔于1941年在旧金山成立的美国朗涛设计顾问公司。沃尔特·兰多尔生于德国，在英国接受了专业的设计教育。他认为了解消费者对公司和产品的认知与了解产品的制造过程同样重要。在这个基础上，他成立了自己的顾问公司，并使它成为了品牌策略和企业形象设计领域的权威之一。朗涛设计顾问公司成立六十年后，已经拥有员工八百多名，工作室二十五个，分布于美洲、欧洲和亚洲。它为世界上无数知名公司设计了商标形象。其中包括为多家航空公司设计的企业形象项目，如意大利航空公司、美国达美航空公司、巴西大河航空公司和加拿大航空公司。其他的企业形象项目还包括法国电信、联邦快递、英国石油公司、惠普公司、微软公司、百事可乐公司、肯德基、必胜客等。它的作品中还包括为很多重大事件进行的设计，如为1996年亚特兰大奥运会设计的标志和为1998年日本长野、2002年美国盐湖城冬季奥运会设计的全套形象系统。尤其，在其他设计顾问公司迅速壮大，而后相继败落的情况之下，朗涛设计顾问公司这些年不断稳步地成长，这确实令人瞩目。

与物品设计相比较，企业内部平面设计师的工作似乎没那么专业，这主要是因为他们选材的范围要广阔得多。当然，内部平面设计师必须一直关注与公司相关的问题。他们需要承担的工作和责任的范围相当大。有些行业需要定期制作大量的小册子、说明书、包装和标签，这就需要有人专门从事平面设计的工作，以确保这些材料的流通。在很多大公司里，一些设计师并不需要原创的理念，他们更多是在专门的顾问公司设计的企业形象系统框架内进行创造性的演绎。书籍、杂志或唱片包装的出版商定期要求设计师设计出具有高度原创性的、仅供一次性使用的材料。但企业内部的设计师并不需要受到这些方面的限制。

不同类型的政府机构也都需要制作大量的表格和文件。它们大多充斥着官方术语，字体很小，需要市民花大力气去解读，然后在狭窄的空格上填写必要信息。对英国护照申请表格进行的改进可以算是这个领域内令人印象深刻的例子。以前，要弄懂表格的要求是一个非常痛苦的过程，如今，高效的平面设计让人们能很容易地掌握要求，并能很快地填写表格。这个例子证明了，政府机构推出的设计其实没有任何内在的理由需要如此华而不实。当纽约市被预言将作为一个功能性实体而瓦解的时候，纽约市政府正式委托米尔顿·格拉泽设计了一款“我爱纽约”的心形图案，这是史上被效仿得最多的平面形式之一。

各种各样的公共非营利性团体也有广泛的设计需求。广播公司中最有影响力的设计项目之一是由波士顿WGBH公共电视台制作的，它旗下有一个由三十名设计师组成的团队。要建立一个电视台的视觉形象，可以从银屏直接入手和采用间接素材，其中需要利用大量的手段，包括徽标、节目介绍和标题、动画片段、教学材料、成员信息、年度报告、书籍以及多媒体文件包。

许多宗教团体和慈善机构对出版物也有很强的依赖。末世圣徒教会拥有一个六十人的设计团队，本部设在犹他州。这个设计团队负责从纸制印刷品、电子刊物到商品包装的设计，这些设计是其传教活动的一个固有特色。类似乐施会那样依靠赞助的团体也需要长期宣传它们的事业，以获得公众的支持。

对博物馆而言，从展位的平面图到指向标志和主要的目录表等数量庞大的材料也必不可少。近几年来，博物馆的在线网站成了一个相当重要的延伸领域。其中一些博物馆只是简单地用另外一种形式将已有信息搬到网上；而另外一些博物馆，如洛杉矶的盖蒂博物馆，则通过向更多的观众展示其丰富多样的藏品来挖掘网络博物馆潜在的教育能力。

那些进行政治和社会抗争的机构也必须予以关注。反核武器运动的标志就是一个经典的例子。这个标志几乎同米尔顿·格拉泽设计的心形图案一样被广泛复制，它也见证了这些团体设计形式的能力。最近，对抗艾滋病的团体设计了一款红丝带标志。

在技术层面，传达的一个特色就是它涉及的范围广泛，几乎无处不在，可同时指向综合化和专业化两个方向。一方面，具体的传达可能结合了不同的视觉元素。比如，一件包装物上就可能凝聚了材料和结构标准，包括带有说明性和高清晰度的视觉形象、企业徽标、集合了排印技巧的字体设计等表现手段；同时，按法律要求，包装上还需附上商标、标志、使用说明和产品信息。另一方面，随着设计范围的扩大，一个具体单元常常要求设计具有专家水平，在某种程度上与制作电影的能力要求相似。例如，它可能需要综合排版、插图、摄影、信息设计或计算机程序界面设计，其中任何一项工作都需要每个领域的专家来处理。

字体是设计中最为基础的组成要素。排印，即设计字体和排版，是创作印刷形象的基本技巧。字体设计可以以清晰度为目的，试图最大限度地传达信息；当然，字体设计也可以是为了表达或唤起某种强烈的情感。随着计算机的介入，可用字体的范围越来越惊人。设计师既可以从宽广的历史和地域范围中，又可以从新近设计的格式中，考察各类范例。字体编成字库后，我们可以将它们放大很多倍，也可以通过选择墨色来体现细微的区别，或者将文字处理成富于表现力或装饰性的形式，作为设计中具有高度表达性的元素。

出版物采用了很多形式，其中，书籍是传达观点和信息的典型载体。电子媒体问世后，大多数人认为书籍将退出流通领域。但由于书籍便于携带，方便阅读，适合不同的人群，所以它们仍然保留了可观的优势条件：至今，在数码世界里并没有出现类似于“书籍收藏者”和“书籍爱好者”的词汇。相对而言，报纸和杂志更新较快，它们也因此更易受到电子媒体的冲击。人们经常根据兴趣组成社团，社团内的成员对特定类型的书（如哈利·波特系列）有广泛的认同，人们有时也会因独特的社论方针或立场而组成社团。出版物（如《泰晤士报》、《时尚》杂志、《滚石》杂志和《连线》杂志）的视觉形象是产生此类吸引力的主要元素。在一个更为极端的层面，许多亚文化也是围绕这些出版物形成的，比如戴维·卡森的作品。卡森是加利福尼亚州的一位设计师，二十世纪九十年代初，他为《激光枪》和《沙滩文化》杂志做设计。卡森利用计算机创造出了各种动态形象，在杂志所面向的青年文化市场引起了广泛的共鸣。

插图虽然强调传达的艺术性，却是区分很多从业人员的核心技巧。雷蒙德·布里格斯或昆廷·布莱克与众不同的风格，包括他们非凡的讲述故事的才能，使他们开创了作者兼插画大师的职业。年轻一辈的代表人物有苏·科和亨里克·德雷舍尔。科生于英格兰，主要在纽约工作。他利用传统手工艺（如蚀刻术）创作的系列印刷品引发了热烈的社会评论。德雷舍尔生于丹麦，曾在美国接受教育，现今在新西兰工作。他曾在《纽约时报》和《时代》杂志上发表过作品。他利用蚀染技术处理出风格怪异的作品，其中最好的作品应数他出版的儿童读物了。他对计算机的使用出色地证明了数码技术作为一种创造性工具所具备的潜力。

然而插图也可以是一项有着很强专业性的工作，通常要求相当多的专门技术知识，比如在创作技术插图或医学插图的时候。一些顾问公司关注这些技巧，将它们当作一个特殊的市场，如教育性和科学性的出版物，或者博物馆和展览馆的展览。摄影可以是最富个性的工作，但为了达到某个特殊目的，它又可以采用专业化的形式，例如纪录片的摄影，或者为促销对象、展览目录和其他出版物进行的摄影。

传达最令人印象深刻的特点之一便是它采用的方式。随着多媒体出版业的发展，设计的许多方面都经历了急剧的变形，文本、图像、视频和动画相结合的方式提供了无限的可能性。人们在互联网上很容易就能感受到这种新媒体覆盖的范围和它的机动性。它在提供直接经验和快速通道方面的潜力仍处于初期开发阶段，由于无法简单拷贝其他媒体的形式，它在排版和图像的发展形式方面仍存在大量问题，这些是电子出版物必须面对的具体问题。总而言之，随着商业运用的进一步扩大，我们需要更多地关注一些主要的问题，比如，如何在错综复杂的网站中浏览，如何面对庞大的信息量带来的问题。比较成功的在线网站（如亚马逊网和城市旅游指南网）展露了新媒体的潜力，但也暴露了它的种种局限。通过设计出客户容易掌握的界面，这些网站开拓性地为客户提供了选择的种种可能。然而，同时需要强调的是，尽管信息处理渠道发生了急剧的变化，通过这些渠道购买的对象却基本上没有改变，比如书本和飞机座椅的设计就没有受到这种变革的影响。

图 17　让网页浏览越来越容易：亚马逊网

电子媒体革命带来了持续的发展，其最高形式是企业间电子商务。电子商务已经得到了迅速的拓展。它简化了各种程序，使得客户能从他们的电脑上访问网站，这一能力成为提高效率的巨大潜力。厂商可以存储大量关于产品和服务的信息，这样消费者就能够及时订购商品，同时，资金和设备也不会陷在大量的库存货物上。然而，这类系统的效率主要是以信息处理的清晰度、准确性和可理解的程度来衡量的。客户无法快速浏览他们需要的页面，这是供货商将面对的主要不利情况。需要强调的是，对于这些在线网站而言，如果不能让用户参与进来，大师级的视觉效果也没有用。

随着大量的技术不断地被进一步分化、合成，比如，在动画片中为图片配上说明，或者为电影片头排版，多媒体应用的复杂性也说明了传达中一个更为广泛的特点。索尔·巴斯从事的设计活动既包括电影宣传，又包括企业徽标设计，而这两者根本就是风马牛不相及的。在电影宣传方面，他参与了奥托·普雷明格的《金臂人》和阿尔弗雷德·希区柯克的《惊魂记》的制作。在这两部经典电影中他将包括视觉图像、字体和象形符号在内的多种元素与音乐相结合，创造了引人入胜的场景。这些元素不仅仅是字幕设计的基本原则，同时也是其他宣传素材（如海报和广告）的基础。另外，他同时也为联合航空公司和美国电话电报公司设计了企业徽标。作为这样一个负责大量大型工程的平面设计师，为了确保每个环节正常运转，他需要对各行各业都有所了解。所以说，人们原以为设计师都是独行侠似的艺术家，但实际上他们可能是一群或一组综合性人才。

传达在信息设计领域受到了质疑。所谓的信息设计是传达中一个高度专业化的分支，任何项目产生的数据都将会被用来作为决策的基础。在一个很大范围内，这类信息可以通过多种形式、多种媒介来呈现，比如我们日常生活中的天气预报。来自众多渠道的资源被快速地转换为视觉形式，帮助人们决定旅行时该带什么衣服，工作时应该有什么设备。我们可以通过阅读各类日报上的图片和文本，观看电视里的图像、视频或访问在线网站来获得这类信息。美国气象频道二十四小时连续播报气象预报，英国广播公司定时在电视和广播里播报天气，除此之外，人们还可以从相关的网站上了解到一周范围内全国、各地区或城市的详细天气预报。此外，从美国一家名为世界黄页网的网站上，人们可以了解到整个北美地区电话用户的相关地址信息，其中附有详细的区域地图、住宿信息和每个地址附近的设施状况。又比如，在市场信息传达的新方法方面，晨星公司为我们提供了例证。晨星公司总部设在芝加哥，专门提供财务数据服务，以供投资者在购进和卖出共同基金时参考。公司的核心任务是通过大量的平面设计手段，将庞大的数据压缩，整理成清晰明了的样式，使用户能够快速准确地了解市场并做出投资决策。起初，公司使用印刷物来传达信息，现在这项服务已经能够在线提供。晨星公司所强调的首要责任是提供内容，而不是审美表达。然而，由于公司的整体形象保持了高度的一致性，实际上它已经成为了一个鲜明的审美形象。

与之相反，广告作为渗透式传达中最为特殊的领域，本身就极具诱导性，其主要目的不是赋予用户以权力，而是利用文本、图像的结合来推销产品和服务。为了使物品设计达到最大限度的视觉影响，设计者会考虑到将它转化为广告形象，如此一来，物品设计和传达设计中自然会存在一些交叠的部分。就这个意义而言，在贯彻市场竞争的诸种元素时，广告形象可以使人们在实际看到物品前形成对物品的认知。例如，一款新车的车型真正出现在大街上之前，大部分人早就通过广告先看到了这款新车。

大部分广告都有一个特征，那就是它们一边试图打造某种观念，一边又不能得罪特定市场中的任何人，因此广告所描述的人和生活方式大都大同小异，没有特色。一些批评家批评广告商是现代社会中典型的木偶操纵者，操纵人们做一些并非对他们最有益的事情。但是，大部分广告商认为自己周旋于社会潮流和客户利益之间，一方面反映社会上发生的种种事情，另一方面又将这些事情通过程式化的形式反映到广告活动和意象中。

然而，广告的影响力是不能小觑的，尤其是现在它已经成了诱导大众消费的工具。广告技术最先在美国得到发展，它对美国社会的渗透也是最深的。广告采用的方式和形象已经成了美国文化中不可或缺的一部分。无论是竞选总统，还是竞选其他政府要职，这些竞选活动都被美国人运作成一场广告战。他们不断调整候选者的形象，使其时刻符合不断变化的环境。结果，广告形象和现实之间的分界经常被模糊，这也正是这些技术带来的深层影响。

另外，广告与宣传之间的分界也被模糊了。后者是一项专门的传达形式，试图通过塑造民意来达到某种政治的或意识形态的目的。广告不能离它预期的观众对于现实的理解太远，即便它一贯的手法是通过选择性强调或选择性省略来歪曲人们的认知。但是，宣传与广告不同。宣传时常需要通过诋毁某个特殊群体来塑造一个形象。为此，宣传会将这些人描述为典型的“敌人”。尽管广告有时会失真，但是谎言与恶意歪曲是宣传的通病。

在这个急剧动荡和不断改变的时代，不同的文化相互交叠、相互借鉴又彼此结合，传达在现代社会的功能无疑是很庞大的，它在很多方面都非常重要。一方面，我们可以认为这是全球化进程的一部分。观念更加自由地往来于不同的国家和民族文化之间。即使是在不同的文化领域内，也有着类似的交换过程。专业设计师使用的多种形式即是如此，比如“涂鸦”就是从城区街道运动中的嬉蹦或朋克文化中借鉴来的；大众则使用计算机或打印社提供的器材，这些器材将专业技术打包成人人都能使用也负担得起的形式。由此造成的一个负面结果是迎合当地需求的小型平面设计业务减少了。但是随着专业设计师逐渐走出严格的职业界定，同时，大众越来越多地参与到传达的活动中来，这种交叠也会带来一些正面影响。如果传达设计的目的之一是要在视觉方面形成一种身份感的话，那么新技术则加强了形象创造者和接受者之间的相互理解，为未来提供了无限可能。

第六章

环境

当我们开始考虑环境因素时，关于设计的讨论会变得更复杂。环境与物品、视觉传达一样，都由形式、颜色、图案和肌理这些基本元素构成，但是空间和光线的表现是环境设计专有的特点。而且，在这个环境背景下，物品和视觉传达与空间元素相互勾连，各自的功能和意义都得到了加强。

环境另一个重要的特征是，它为活动提供了框架。它深刻地影响了使用模式和行为模式，改变了家庭生活、工作、休闲和一系列商业投资的前景。

用基本的分析术语来讲，内环境和外环境之间有着明显的界限。我们通常认为后者在其他学科领域内起着支配性作用，例如建筑业、城市和区域规划，以及园艺。此外，构成室内框架的结构通常也是由建筑师、工程师和施工人员决定的。然而，还是有一部分的环境设计主要服务于特殊的用途，它们虽然仍包含在设计范围内，但在很大程度上与其他形式的设计实践并不一样。然而，这类设计的功能和观念涉及的范围异常广泛，要把它们放入一个狭小的范围内讨论难免是在隔靴搔痒。

正如其他的专业化领域一样，室内设计在方法和专业职能上跨度很广。其中一类设计师关注特定空间内部的装饰性设计和内部摆设，他们利用现有的家具和材料，以期获得整体上的审美效果。这些设计师多为富人设计豪宅，或为酒店、宾馆等场所服务。这些设计多是受到了流行趋势、设计师和客户个人品味的影响。可以说，这些设计多是将现存的元素合成，而不是基于基本原理进行创作。然而，在室内设计发展的另一端，我们可以找到原创的空间概念、规划，以及有特殊用途的特殊设备。比如，办公室、医院或学校必须严格遵循一系列关于健康、安全和高效的标准。

然而，与设计的其他方面相比较，除了这些专业因素外，环境设计还有一个独一无二的特点。在一定程度上，环境设计是唯一一个可以让大量的人参与决策的实践领域，比如家居设计。大部分人并不参与身边的产品或传达的设计，但是家庭环境是我们实践设计的主要空间，在这里人们可以按照自己的意愿进行设计。在第三章结束时，我们提到了奇克森特米哈伊和罗奇伯–霍尔顿所做的调查，结果显示人们通常将个人意义附加在物品上。利用环境设计，我们不仅可以从现有的形式中创造出个人意义，还可以通过积极的改造，将现有的环境变得更加合人心意。这种潮流的一大重要表现是，越来越多的产品、宣传和电视节目开始趋向于让用户自己设计，这也为那些希望通过改变个人环境来反映个人的需要和渴望的人们提供了手段和信息。但这有时也会造成混乱的结果。过度装饰会造成滑稽甚至怪诞的效果，比如布满郊区起居室天花板的塑胶仿木横梁，在后院里销售的、买来后镶在卧室人造板家具塑料外壳上的金色的洛可可式装饰品。然而，这种潮流中有一个经常被忽略了的重要原则。有关这类设计的书籍、工具和材料鼓励人们在事关个人环境改造时自己做出重要决策，在一定程度上，创造性地实现自己的理想。进行这些活动所要求的观念和技术并非特别难，是大部分人力所能及的，尽管这些行为的结果很容易成为那些自诩为鉴赏专家的人的笑柄。与之前由专家决断的时代相反，这些行为有力地证明了设计是具有实现功能的，它激发了大众的参与热情。

有趣的是，在美国情况却有些不同。美国室内设计师学会在2001年就拥有三万名会员，其中有相当一部分人专门负责住宅设计，他们与设计所需产品和服务的制造商（如纺织品、墙纸、室内陈设品和家具的制造商）有密切往来。此外，美国大部分大型家具公司和百货公司都雇有专业设计师，他们在客户购物时负责提供专业参考意见。仅芝加哥一家家具零售商店就宣称有两百位设计师为客户服务。需要专业住宅设计的人口比例在美国比在欧洲要高出许多，比如，与美国相比，荷兰设计师协会在“环境设计”领域仅有一百八十名设计师。按人口比例计算，在荷兰这个国民富裕、居民设计意识强的国家，每八万九千人中才配有一名室内设计师，而在美国，每八千七百人就配有一位室内设计师。据一项评估显示，在美国，三分之一的私房房主在装饰自己的房屋时都选择咨询专家建议。造成这个情况的原因有很多，其中可能包括大众文化对人们产生的影响。由于人们一味追求舒适而非动手操作，动手能力减弱，这样就进一步加深了商业化的服务对文化的渗透。再加上现今已婚夫妇为确保家庭收入水平双双延长工作时间，仅余下极少的时间来布置家居环境。

每个社会在处理家居环境时都有一系列独特的方式，因此，要从中归纳出固定的范式很困难。更明显的是，在不同的文化和地域环境下，这些方式会存在很大的差异。其中包括房屋是属于私房还是租赁房，占主导地位的房屋供给形式是公寓住宅还是独幢房屋，以及可供使用的或合理的家居空间等要素。

另外，不同于其他国家，第二次世界大战结束后，美国家庭的居住面积增加了一倍。在很大程度上，这反映了家居必备和必需的财产及设备的扩展。就全球比较而言，美国家庭可以利用的空间如此之多，几乎不需要仔细考虑功能性设备的一些细节问题。美国生产的家庭用具，如洗衣机、电冰箱、炊具和洗浴设施，在形式和技术上通常体型庞大而且式样过时。与专为欧洲或亚洲市场设计的产品相比较，它们价钱便宜。在一般的美国人家里，人们大多专注于空间形式，而在如何利用形式满足需要方面鲜少做实质性的考虑。我们常常可以看到若干个浴室。独立式洗衣间也是标准设计之一。如果某个设备功能不够成熟，普遍会有一个购买和支付的补偿系数。

与美国人的住宅相比，一般的日本家庭的居住面积非常小。随着所需的功能日渐增长，在这样一个有限的空间内，日本人必须考虑家居的每个细节。因此，市场上体现个人元素的设计和家居内在环境的设计都必须要适应不同的需求。比如，在日本，浴盆通常比较小，仅够坐着或蜷缩着沐浴，而无法舒适地躺着。当然，公共澡堂倒是常常能提供很大的空间。厕所和坐浴设备通常合并在一起，并且是电动的。同样地，他们没有体积庞大的洗衣机和烘干机，而是将两种功能综合在一个小型设备里。冰箱很小巧，但是技术很先进。炊具被细分成很多小的单位，以便存放于厨房墙上的储藏空间内。后一点也说明，这种空间限制迫使很多日本家庭向垂直方向发展而不是向水平方向延伸，也就是说，用品必须往上堆而不是横向摆放。此外，日本房屋中的许多功能在筹划时必须留有改动的余地，而不能固定为专属的空间和专用设备，比如，起居室可以当成卧室，过后又能够再恢复成起居室。

然而，在总体文化差异的框架内，在大部分国家里，住宅仍然是每个人根据自己的生活方式和品味布置环境的一个地方，除

图18　是躺着还是坐着：美式浴室和日式浴室

此之外别无他处。当然，那些“时尚”类的杂志、由制造商打出的广告，以及零售商的宣传目录上宣称的时尚会给人们造成无数困扰，但将某处空间私人化，并赋予它一定的意义，仍然是个人得以满足其设计决定权的主要途径。

与之相反，绝大多数的工作场所都是由经理和设计师决定该如何安排的，在这个环境下工作的个人只能接受这个安排带来的结果，不太可能对其进行修正。随着二十世纪的发展，人们对工作和管理有了新的认知，关于工厂和办公室合理规划的观点也随之发生了改变。随着世纪初大型企业的增多，弗雷德里克·W.泰勒及其继任者在“科学管理”运动中提出的观念占据了主导地位。泰勒和他的追随者提出，通过推行标准程序来对工作过程进行管理控制。他提倡找出所有工作中“唯一的也是最好的办法”，为了配合这样的生产模式，应采取工业操作效率研究分析的手段来组织工人。在大规模生产的基础上，为了使生产效率最大化，工厂的工人必须服从于详细设计好的生产流程。办公室职员坐在按等级划分的办公桌前，同样也受严格的等级制度管理和控制。我们会发现，在一些官僚系统内，桌椅摆放的方位和它们的大小随着级别的改变而改变。在工厂和办公室，工作程序的重点是通过高度组织化的运作来解决已知问题和完成各道工序。

从二十世纪六十年代起，一些公司在管理上开始实行宽松的管理机制。总的来说，它强调的是领导而不是控制，它鼓励工人进行团队配合，更积极地为生产过程服务。例如，在一些大型的日本公司，工人在生产过程中所做的贡献使得公司在取得进步的同时减少了大笔的开销。从工厂空间布置的特点上我们就可以看出这样的偏重。例如，在工厂里辟出几块区域设置舒适的椅子，方便工人们定期会面和讨论工作事宜。这种创新帮助很多日本公司在竞争中取得了巨大的成功。办公室里另一个并行的创新就是所谓的“办公室景观设计”。基于类似的观念，这种设计也期望加大员工的参与。它的布局更为灵活，大量地使用隔板将办公室隔成若干个小的单间，既为员工提供了一定的私人空间又确保相互之间能够融洽相处。

随着设计各个领域的发展，观念上发生了一系列的演变，这些观念被接受的过程是曲折的，放眼全球，我们仍然可以找到处于不同阶段的工作组织。即便开发了新的技术，泰勒昔日最糟糕的观念也能被保留下来。在一些文件录入公司，为防止不必要的分心，办公区域内没有窗户，办公桌按照等级摆放。这些公司设有摄像头，监控员工的一言一行，甚至电脑的按键次数，以确保工人能保持一定的工作速度。在众多的例子中，技术的影响并未指向任何具体的方向，它们在运用者的价值观的基础上被改造和表现。

然而，人们在许多现代技术发展的潜在机动性中也发现了一些有利的方面，这些方面也得到了有效的应用。与制造企业的发展不同，日本的办公室仍然十分拥挤，不同级别的钢制办公桌反映了等级态度和城市空间的普遍缺乏。然而，二十世纪八十年代末以后，大批的“智能型”建筑完工，这些建筑的目的在于开发新的电子技术的潜能。例如，丹下健三设计的东京市政厅于1991年完工。大楼最初安装的十二台超级电脑，加上随后又增加的数台超级电脑，配合大量的传感器，可以计算出人们的活动，并依此对光线和温度进行调节。它们也控制了大楼保安、电话线路、防火门和升降梯。办公室是典型的隔断分区，色调温暖且柔和。一万三千名员工使用智能卡刷卡进入自己的办公室。在这栋综合性建筑物内，这些智能卡也能用来在餐厅消费和在商店购物。在操作效率方面与先前的环境相比，这是一个很大的进步，但这并不表示在办公室工作理念上的任何提高。

但是，日本一些公司已经开始探索智能型建筑理念带来的新的可能性。对工作模式的研究结果表明，一个工作日内，日本员工通常只有40%的时间在使用他们办公室内的办公桌。为了寻求更高的效率，一些公司引进了更有弹性的工作系统。根据员工的工作性质，他们可以在不同的办公桌上办公，以便跟同事交流。只要使用智能卡，他们的个人电话就可以接入到任何一张办公桌上。

我们要将工作从办公室内转移出来，而所做的这一切不过是走了一小步而已。早在二十世纪九十年代初，一些公司（如资生堂化妆品公司）就将大部分的销售活动向下移交了。员工可以在家中或邻近的办公室里办公，而不必每天在高峰时段花上四个小时，费时费力地往返于公司和住所之间。销售员工只需要配备一台手提电脑，通过手机联网，进入公司主机，就能够即时地为客户取得重要信息，比如是否有货、价格高低和货物投递问题等。

虽然这些发展带来了很多便利，但也带来了许多新问题。毫无疑问，将工作向下移交可以节省空间，同时可以省下市中心昂贵的租赁费，但还是需要有一个主要的办公室让员工可以办公（即便只是偶尔）。对于顾问公司而言，就更是如此了。顾问公司里的许多员工大部分时间都与客户在一起。他们有时一周甚至一个月内只有一天在总公司办公。在美国，一些大型公司，如德勤会计公司、安永会计公司、安达信咨询公司，已经开始试验一种名为“旅馆式办公”的解决方案。

基本上，这就是一项空间配置计划。员工可以通过电子技术与总公司进行交流，在特定时间内预约空间，甚至可以预定食物和饮料。在办公室内，个人电话和网线都接入预定的办公桌。一个名为“门房”的后勤职员负责将个人文档放入一个小推车内，安置在办公桌旁，并将所需的设备、文具和材料都准备好。即便是家庭照片这类物品有时也在工作人员抵达之前就被放置好了。工作人员离开之际，文档会叠放在推车里归还，供应会得到补充，办公区域会被整理干净，以待下一位使用者。这项设计很明显借用了酒店的运行方式。

由于这种短暂的工作模式要求彻底改变工作行为和态度，许多员工起初并不适应。但只要技术开发达到一定层次，尤其是在软件和辅助活动的帮助下，我们很快就会发现员工能够克服这类方案带来的空间丧失感。

但从TBWA/Chiat/Day广告公司的例子，我们看到了贸然进行这种大规模改变所带来的危害。早在二十世纪九十年代初，TBWA/Chiat/Day广告公司就开始参与旅馆式办公试验，这是当时覆盖范围最广的试验之一，但是这个试验给它带来了种种问题，受到了公众的高度关注。公司在当时设在洛杉矶和纽约的办事机构内大范围地进行了所谓的“虚拟办公室”试验。然而，没多久员工们便起来反抗这种持续的流动模式，认为这种模式造成了不必要的分裂。他们开始要求有自己的工作空间。为了应付不断改变的商务环境中层出不穷的问题，人们似乎需要有一个稳定和安全的避风港。

当然，对于商界变化规则的认知总是滞后于对新型环境模式的探寻。许多管理人员，尤其是那些成功企业的管理人员，都意识到在这个急剧变化的年代，最大的危险就是满足于现状。尤其，随着信息技术的爆炸，可获得的数据量和信息量呈指数增加，很明显，只有在创造性地理解和运用它们的前提下，这些信息才具有价值。随着工业技术上的改变，这种管理思维上的发展趋势被大大地加强了。这些改变包括从大规模生产到利基市场的弹性制造，还包括对服务行业越来越多的关注。结果，为在竞争中求得生存，我们重申创新是必需的，主要依赖于创造力。这便要求员工们能够积极参与工作过程，将他们的知识和经验运用于解决快速改变的环境下出现的种种几乎从未遇到过的问题。结果，制约合作和交流的机构等级制度与环境被新的环境所取代。新环境有一个令人愉悦的组织结构，鼓励相互交流，巧妙地结合了私人空间和公共空间。人们相信在一个通常很随意的日常环境中，通过相互作用和私人交流，能产生各种观点，激发人们的创造力。

如果企业策略强调培养新观点和创造新产品，现在工作环境、设备和器材的设计所面临的挑战就变成了如何对空间进行布局，使它能够激励员工之间的互动，增加活力和创造力。将多种强调创新的观念融合在一起，结果就产生了一个由许多小团体构成的办公室环境，组织内不同元素之间可以进行高水准的潜在互动。

1999年，TBWA/Chiat/Day广告公司在吸取了先前经验教训的基础上，将位于洛杉矶的一个十二万平方英尺的仓库改装成了新的办公地点，由克莱夫·威尔金森负责设计。这反映出了解决方案上一个有趣的转变：从旅馆式办公系统中所体现的临时工作地点理念到能灵活地同时包含不同工作模式的社区理念。通过向每个员工提供单独的工作区，解决了之前虚拟办公室试验中出现的很多问题。但是，员工还是有很大一部分时间以团队形式待在专门处理大客户问题的办公室里。社区概念在一些环境中十分明显，比如在一些工作区附近会有一条商业街横穿整个地区，还有一个中央公园，里面栽种了一些无花果树，供人们休闲。这么做的目的在于提供一个集合个人、团队和社区资源的场所。这个场所建立在高度灵活性的基础上，意在鼓励日常交流和互动，反映了公司考虑问题的方法发生了改变。

与适应性的邻里式室内空间概念直接相对的是现代生活发展的另一个特点，即标准环境的指数式增长。美国首创了这一原型形式，后来扩展到了其他很多国家。我们可以在高消费市场找到

图19　类似社区的办公室景观：由克莱夫·威尔金森为洛杉矶的TBWA/Chiat/Day广告公司设计

早期的例子。比如，为了使在旅途中的管理人员不论身处何地都能够很快地找到一种连贯性与熟悉感，希尔顿酒店旗下所有的建筑物都是按一个标准模式来建造的。基于这个概念，希尔顿酒店成为了全球知名的连锁酒店。

然而，只有当这个原则扩散到低收入消费者市场以后，它的影响才在最大程度上得到了发挥。曾经有一度，美国无数的小镇和郊区最有特色的景观之一就是道路两旁长达数英里的“商业街”。这些商业街上不过是一些商店、餐馆和服务行业，这些早先高度集中的行业现在沿着商业街四处分布，看似杂乱，但为机动车辆提供了快捷通道。然而，在这样的混杂中，特殊公司有着高度的识别系统，尤其是快餐专营店。麦当劳、必胜客或汉堡王等专营店的建筑，在全国范围内，事实上，在全世界范围内，都采用类似的模式，顾客能马上识别它们。无论个别场所的具体空间维度是怎样的，内部的装修、设备和装饰也能为顾客提供即时识

图20　广告牌林立：美国商业街

别模式。同样，它们的菜单上提供高度标准化的食物和清晰的报价。因此，设计的作用在于提供一个可以覆盖所有活动和设计元素的完整样式，并且能根据具体地点在细节上灵活变动，但是所有的变动都是在总的标准框架内进行的。

在英国或欧洲大陆，空间更加有限，规划控制大大地限制了这种蔓延式的空间，主要商业街都是以大体一样的模式出现，各类连锁店和食品专营店占据了所有的城市。博姿化妆品、W.H. 史密斯连锁书店、莫凡彼冰淇淋或维也纳森林烤鸡餐厅的室内设计都遵循标准方针，无论位于何地，它们都呈现出一个熟悉的模式，出售的大部分产品也都一样。

另一个影响二十世纪九十年代设计诸多方面的商业趋势是对“体验”和“娱乐”的偏重，尤其是在一些环境设计范畴中。有些设计公司的职位种类中甚至还包括了所谓的“体验设计师”一职。无论是电视节目还是新闻出版业，又或者是类似于足球和摔跤这样的体育项目，无论是购物还是在外吃饭，我们生活中越来越多的领域已经受制于大众娱乐规则。

英国的酒吧长期受制于“主题酒吧”的发展模式，酿酒厂买断了独立业主的供酒权，并通过迎合特殊的趋势以求贸易最大化。比如，有些酒吧通过使用凸纹墙纸和铸铁制成的桌椅，试图营造出早先维多利亚时代的感觉。爱尔兰健力士酿酒公司为了配合世界上各个大城市中大量涌现的“正宗”爱尔兰酒吧，生产了成套的仿十九世纪的包装和海报。但是，这些现代技术同时也开发了“精酿啤酒”工艺。与大牌啤酒酿造商生产的标准化产品不一样，精酿啤酒业生产的是高度个性化的自酿啤酒。

在餐厅经营中也有类似的分歧。我们现在仍然可以在世界上很多城市里一些装修简单、服务一般的环境中找到好吃的食物。那些地方是享受美食、轻松聊天的好去处。但是，美国的餐厅越

图21　逛商场就像是在逛戏院：位于芝加哥的耐克体验中心

来越倾向于按照特殊的主题进行设计，比如意大利式餐厅和越南式餐厅，餐厅里的服务员就像一群按程序办事的表演者。吃、喝在这种地方都不再是随性的社交行为，用餐者必须谨遵用餐仪式下的种种程序。人为合成的怀旧风情是这类餐厅中一个很强的元素，所谓的中世纪筵席就是一个极端的例子。这类筵席声称忠实于历史，但这种声明跟餐厅推出的“正宗食谱”一样令人质疑，比如它会将一只烤鸡放置在一个木制的浅盘中。

购物功能也未能避免这种潮流的影响。从按成本价售出商品的批发商店，如美国的玩具反斗城零售连锁店，到为了唤起愉悦感而特别设计的场所，如耐克体验中心（一个试用性消费场所），在商品供给的范围方面也存在着类似的分歧。第一个体验中心由体育运动产品制造商耐克公司建造，设在芝加哥主要的商业街之一密歇根大街上。它旨在为有能力购买公司生产的各种运动鞋、运动服装、运动器材的客户提供体验和享受的机会。在体验过程中，顾客对新产品的反映被记录下来以便对新款商品进行评估。公司绝大部分的产品仍然通过常规渠道销售，所以这些体验中心的目的并不是为了售出商品，它们更像是一个促销展示平台或试验平台。

强调“体验”性服务，为环境设计带来了大量令人眼花缭乱的形式和主题，这些形式和主题有时充满奇思妙想，能快速地进行任意的改变。在这个过程中，在那些新奇有时又让人迷惑的环境下，我们很容易忽略掉那些看似单调但同时却又至关重要的需求。如同设计的其他方面一样，环境设计变得越来越复杂。比如像伦敦希斯罗机场或日本成田机场那样的现代机场，需要配备更为系统的解决方案。

第七章

形象设计

人们可以利用物品和环境构建自我意识，表达身份意识。然而，身份的构建远非表达谁是谁的问题；它可以是个人或组织，甚至可以是国家为创造一个独特的形象和意义而采取的审慎而周密的尝试，旨在影响甚至是支配他人对自己的认知和理解。

就个人而言，我们生活的这个时代充满了各种技术，可实现的主要变革之一就是自我的转型。对于现在的大多数人来说，身份不仅是先天遗传或后天培育的能力的体现，它已经成为了一个选择性的问题，这种选择甚至包括了身体整形。在美国，整容手术的人数和消费金额已经达到了惊人的程度。广告推出了一系列我们可以成为也应该成为的形象，不断地鼓励我们成为自己内心希望成为的人，我们只需要购买它们提供的产品，便可成就这类转型。广告的影响看似相对温和，但其力量不容小觑。

作为刺激消费的一个手段，个人形象商业化的趋势席卷了全球，并造成了不寻常的效果。比如在服装、化妆品、食物和音乐等方面，一个日本青少年身上就可以反映出其所受到的民族传统教育的影响，同时他也有可能表现得和世界上其他国家的同龄人一样。换言之，一个人可以隶属于一种文化，但也可以同时隶属于一种或多种亚文化，尽管这些文化的主流形式之间相似点甚少。

一方面，这种影响力更为广泛地渗透到了世界的各个角落；另一方面，为了追寻更好的生活方式，大批移民拥入比较富裕的国家，这便导致了另外一种转型的产生。现代技术，如卫星通信、小规模的印刷技术和互联网，使人们能够成为主方社会某个职业亚文化领域（如医学和建筑）内的功能型市民；与此同时，他们的家庭和居住地区仍保留了他们心目中的本族文化的精华，并不受外界的影响。

在很大程度上，这一点对于个人而言仍是一个选择上的问题。现代通信的范围和灵活性使移民能够轻松地与远方的家乡文化保持联系，这样便不仅能维持还能加强他们最初的身份意识。同时，他们减少了吸收所在地文化和向所在地文化妥协的需要。就所在地文化而言，移民既能带来文化的丰富性和多样性，也会带来明显的差异，尤其是视觉上的差异，而这些差异很容易成为怨恨的对象。

第二次世界大战以后，随着非殖民化的发展，大量国家纷纷摆脱殖民地的身份。二十世纪八十年代末，苏联解体，又有许多国家纷纷独立。这些国家都急于寻找各自的符号来宣告新建立起来的独立政权。身份建构的另一个方面便来源于此。纹章图案中充满神秘感甚至带有攻击性的生物（如鹰、狮子和狮身鹫首的怪兽）常常与表示仁爱的形象（如身着民族服饰、面露微笑、手上通常还抱着一捆谷物的女性）并置。这类图像常常出现在硬币和纸币上。在这个问题上，形象设计也不过是从一系列的可能中做选择。

即便是在那些早已确立政权的国家，形象问题仍可引发关注。

图22　传统创新：斯洛文尼亚的国家形象

比如，玛丽安娜是法国的象征，重新设计这一女性形象，不可避免地引发了接二连三的激烈争论。随着二十世纪渐渐结束，在英国发生的最不可思议的一件事情就是有人提议要“重新打造”国家形象，要改变外国人眼中的英国形象，使其能传达“时尚英伦”的新潮概念。结果，彻底的保守派坚持要维持现状，另一些人则提倡以市场营销为基础模式，认为所有的事情都要跟上“时尚”，这两派人注定谁也无法说服谁。他们之间不是在辩论而是在争论，若用辩论来形容，未免夸大了他们之间的交流。这些倡导品牌更新的人犯了一个致命的错误，他们不知道将商业概念就这么强加到其他背景中是没有希望获得成功的。基于一种粗俗的、过度简单化的判断，他们傲慢地提出商业世界才是“真实世界”，正如它经常被人称道的那样，而且，他们还妄想使商业世界的概念成为全部生活的典范。实际上，一个商业公司可以通过管理旗下的产品和服务项目来确立一个品牌，相比之下，任何一个政府，即便是施行独裁统治的政府，要想控制社会生活中的方方面面，所要面对的困难会大得多。

关于国家形象的争论或许会让人觉得奇怪，但是，即便是在没什么目标激励人民的工业国家里，它起到的推动作用也是毋庸置疑的。例如，二十世纪八十年代，随着国有电话业务的私营化，英国电信成立了，此时在英国发生了一场抵制引进新型电话亭的运动。为了表明为平民服务的自主立场，英国电信决定撤换掉长期以来遍布英国境内的鲜红色电话亭。它以低价从美国制造商手中现货购得一款新型的玻璃电话亭。英国电信称此电话亭效率更高，事实上，在很多方面它们确实如此。然而，原有的电话亭是从1936年开始使用的，它们已经成了代表英国形象的一个特色标志，大量出现在旅游海报和宣传册上。所以，英国电信做出的这一决定引发了公众强烈的抗议。虽然在此之后，英国电信对电话亭进行了多次重新设计，但并未真正彻底平息因替换原有的、深入人心的、独一无二的文化景观元素而引发的怨愤。这种对改变的抵制可能基于怀旧情愫，但却带来了实实在在的问题，因此民众的抵制并不仅仅是一时冲动。

全球化发展带来了众多影响深远的问题，其中之一便是文化差异对设计实践的影响。对于有意愿扩充市场的公司而言，文化差异带来的问题可能暗藏着不少危险。美国的惠而浦家用电器公司不得不试着去设计一套产品发展的全球式/地方式方案，这套方案的出发点是产品的概念要能适应不同国家的情况。1992年，它推出了一款轻巧型“世界洗衣机”。在印度，有必要在该洗衣机上增加一项防缠绕功能，因为当地人会用它来清洗十八英尺长的莎丽服；在巴西，则要增加浸泡功能，因为当地人认为只有在清洗前先浸泡一段时间才能把衣物洗干净。

图23　捍卫传统：英国旧式（上）、新式（下）电话亭

相反，吉列公司认为文化差异在剃须方面是没有什么影响的。正是基于这样的认知，吉列公司获得了极大的成功。它没有花上百万去开发适合不同国家喜好的产品，而是一视同仁地对待所有市场，试着把同样款型的剃须刀推销给所有人，这一策略取得了极为广泛的成功。很明显，文化因素是跟具体产品的特殊使用模式相关的。一般而言，全球模式可能适合某些产品，尤其是那些功能更为简单的产品，但是其他一些产品则要求在细节上进行调整。另外，在一些市场上，人们对不同产品的具体需求也可能成为其中一个因素。

所以，跨文化设计所面临的一个两难的困境就是判断何种程度内的文化身份是固定的，或者文化身份能够改变到何种程度。由于计算的失误而造成的问题可以是相当严重的，人们会以保护文化身份的名义对它进行广泛的抵制。这些人抵制世界大同的模式，尤其是带有全球化特征的更为自由的贸易和传达的泛滥。

在这种情况下有两点值得强调。第一，我们有大量的机会去确认任何具体环境下的各种特征，还可以用有别于全球性组织的方式来进行设计。在韩国，冰箱都设计有发酵泡菜的功能。所谓泡菜就是腌制的、味道辛辣的白菜，是韩国餐桌上不可缺少的一种传统食物。在土耳其，小巴，即小型公共汽车，是一种非常灵活的公共运输工具，可上门接送乘客。当昂贵的进口车不能满足当地需要时，当地兴起了一项产业，研发出许多适合当地环境的车型，甚至还可以为所有的驾驶员量身定制小巴，以满足他们的具体需求。

第二，全球性市场的渗透，在具体需求上唤起了我们对地区身份确认的需要，与此同时，为了适应相关市场范围的扩大和多样性的增加，我们也需要若干能与之相抗衡的国际性工商企业。如果新的可能行得通或值得做，那么设计师需要面对的一个主要问题就是如何使来自不同文化背景的人能够解决改变所带来的各种问题。换言之，工商企业应该对不同文化的要求予以回应，改善人们的生活。产品和服务的设计要适用、清楚、便捷、令人满意，并能够融入人们的生活方式。文化身份并不像琥珀里的昆虫那样是永远不变动的。它不断发展、转变，设计是其中一个主要的元素，它激活了人们的这种潜在意识。

总而言之，用设计专业的术语来说，现代商业公司操控了有关身份的讨论，这些公司花大笔钱来设计身份是什么以及身份代表了什么。企业形象的概念源于军队和宗教组织。比如，古罗马军团就有着非常强烈的视觉形象。统一的制服和鹰饰军旗为这个团体带来了一致性，表示了共同的纪律性和从属性。十七世纪的西班牙军队成了当代的首例。他们同样通过引进统一的着装和武器配备来提高其令人敬畏的声誉。与以上情形不同，天主教会则通过罗马帝国的教士团和明显的视觉手段，如权杖和徽章，一直维持着它古老的组织形象。

在工业化之前，大部分的商业单位都很小；当时，拥有十到十五个员工的单位就被视为规模很大了。只有一小部分商行（如造船所）才雇用大量员工。到了十九世纪，随着那些地理分布很广的大型企业的发展，企业逐渐需要在员工中形成某种公共形象，这个形象同时也要能传达给公众。英国一家大公司，中部铁路公司到十九世纪末的时候，已经拥有了九万名员工。从全部列车的装饰、印刷字体和建筑风格，到员工的制服都为其广泛的业务带来了整体的一致性。

二十世纪早期，随着大规模生产的出现，大公司的统治地位得到了巩固。1907年，建筑师及设计师彼得·贝伦斯被任命为德国电气巨头通用电气公司（简称AEG）的艺术总监，对所有和视觉表现相关的企业活动有绝对的管理权。身为艺术总监，他必须负责建筑、工业产品和消费品、广告、宣传以及展览的设计。企业徽标上公司名称的缩写就采用了他设计的一款字样。这款字样为所有印刷品带来了和谐一致的效果，现在仍然是公司视觉形象的基本元素。

奥利维蒂公司和IBM公司（国际商用机器公司）虽然所属领域不同，但在第二次世界大战以后都已经成了设计方面的典范。起初，奥利维蒂公司在意大利生产一系列电器产品，后来又开始生产电子器材。在整个发展过程中，公司并不强调要保持设计的一致性。相反，它招募了一批杰出的设计师，包括马里奥·扎努西、马里奥·贝利尼、小埃托雷·索特萨斯和米歇尔·德·卢基。公司认为每个具体的物品本身都应该是一件出色的设计，所以给了这些设计师大量的自由，对他们的工作予以大力支持，即使是公司徽标也被频频更换。公司坚信，如此一来，公司的整体形象便不会墨守成规，而是充满了连绵不断的创造力。奥利维蒂公司的政策中一个显著的特点就是公司不会雇用专职设计师。为了保持设计师的创作生命力，公司一贯要求这些设计师有一半的时间在公司外工作。

IBM公司也聘用了同样有非凡才能的设计师，其中包括保罗·兰德、埃姆斯夫妇、密斯·范·德·罗厄和埃利奥特·诺伊斯等。然而，与奥利维蒂公司不同的是，IBM公司更加严谨，产品和印刷品都受到严格的指导方针和标准规范的限制。甚至，曾有一度，它要求员工按规范统一着装以符合公司的整体形象。

二十世纪九十年代初，奥利维蒂公司在顺应新技术和新产品时面临了严重的问题，设计在公司中的地位也被削弱。由于面对改变没有采取正确的应对，即便是一系列非常优秀的产品和传达设计最终也无法挽回这个失策带来的后果。这也表明，无论多么杰出的设计，也无法仅凭一己之力，确保商业上的成功。随着个人计算机制造商的大量涌现，IBM公司同样也遭遇到了实力很强的对手，尽管如此，它在设计方针上还是坚持了原有的高标准。二十世纪九十年代，IBM公司又恢复了往日的地位，再度推出了优秀的产品，如理查德·萨帕于1993年设计的Think Pad手提电脑和Aptiva台式电脑。生产这些产品的目的在于表明IBM公司在这个领域仍扮演主要角色，而设计是它传达自己形象时不可缺少的一部分。

很多形象设计项目（如福特汽车公司的徽标）是在经过了长时间的演变和不断的修改后，才在保留原有风格的基础上建立起来的，但有时，有些形象的确立速度实在惊人。二十世纪八十年代初，由史蒂夫·乔布斯创立的苹果电脑公司和其他几家公司一度让IBM公司陷入了窘境。苹果电脑公司有着鲜明的企业形象——彩虹色苹果的徽标，并在商业领域的各个方面都进行了设计。麦金托什个人电脑是易用型电脑界面设计方面的标杆，而且，它的包装也与众不同。运送麦金托什电脑的包装盒设计得十分巧妙，而且，每个部件都按顺序摆放，上面附有说明，介绍这个部件应放在哪儿以及该如何连接。所以，用户在取出货物的同时就可以快速地进行机器组装。机器顺利组装完毕后，马上就能使用。随后，在这个充满变数的行业中，尽管苹果电脑公司的地位时有起伏，但它在设计和变革上的付出，一直是它在传达企业形象时重要的、不可或缺的一部分。

随着电子商务的出现，通过使用互联网，企业形象可以更快速地建立起来。虽然在预期的购买者中形成对企业的即时认可相当重要，但对于企业形象和由此产生的信赖感而言，独特的视觉形象只有建立在对产品质量、使用和服务的承诺之上，才能树立成功的企业形象，而这一点却常常被人们所忽视。此外，这一点在服务行业中表现得更为明显。例如，成立于1973年的联邦快递开辟了文件和包裹空运服务市场。二十年后，它已经发展成为一个拥有四百五十架飞机、四万五千辆汽车的团队，服务遍及全球。此时，公司却发现原有的徽标已无法传达公司已经确立的快捷、可靠的服务口碑，于是便委托朗涛设计顾问公司提供改进建议。整个过程中的关键就在于人们意识到这家公司已经被普遍称作FedEx，这个名词甚至不时地被用来表示动作了，于是人们将这个词用在了新的徽标上。公司在飞机、汽车、标志和文件上都印上了这个徽标，达到了更为醒目的效果。它的简洁性不仅使传达更为清晰明了，而且比起之前的徽标，在油漆和印刷方面也节省了大量开销。

然而新的企业形象若没有高效的服务支撑也是没有用的。1994年，视觉形象领域的新突破伴随着新一轮技术革新产生了，这一点正好得到了强调。条形码出现后，又有一款新的专有软件FedEx Ship被研发出来，供顾客使用。顾客只需通过一个简单的界面，就能追踪到包裹的投递情况或委托公司托运包裹。之前，顾客如果想要了解某个具体包裹的投递情况，就必须致电联邦快递（对方付费电话），然后由公司员工设法为顾客查找包裹的下落。这样一来，不但增加了电话费，顾客也等得不耐烦了。新的软件引入了搜索功能，由顾客自行控制，不但为顾客提供了更好

图24　特色鲜明、成本低：美国朗涛设计顾问公司为联邦快递设计的企业徽标

的服务，同时又替联邦快递省下了大笔操作费用。

一个新的视觉形象也能成为公司主要目标策略改变的信号。2000年，朗涛设计顾问公司再次出马，为英国石油公司设计了一个新的公司形象。新形象在公司一贯使用的黄绿配色方案上，采用了一个独特而又生动的太阳式的符号。新形象伴随着广告和“超越石油”的广告词，表示了公司的行为模式将向更广的领域发展。愤怒的环保主义者攻击英国石油公司，称该公司的绝大部分业务还是以石油为基础的。新形象是否能够维持下去，一方面大大地取决于公司未来的作为，另一方面也取决于形象本身在多大程度上传达了它要传达的意义。

改变企业形象能够大大地提升对企业的预期，但是有时也会带来灾难性的后果。1997年，英国航空公司耗资六千万英镑，请伦敦的纽厄尔和索雷尔公司为其重新打造形象。新形象推出时碰巧遇上公司与机场员工之间产生了纠纷。后来，由于很多机场员工参与罢工，最终导致航班被取消。对于一个正在宣传服务质量的机构而言，这是很不走运的。同时，新形象的一个细节问题也引发了一场争议。公司决定从各地不同的民族艺术中取材，并将新形象印在机尾。新形象试图打破本土公司的形象，而将公司重新定位为面向全球的运输机构。机尾的设计受到了一些赞扬，同时也遭受了大量的奚落。不久，这个形象就被从机尾悄悄取下，换上了英国国旗的标志。由于英国航空公司60%的乘客都不是英国公民，企业定位引起的问题着实不容小觑。新形象引发了一些闹剧般的场面，如英国前首相撒切尔夫人在参观飞机模型展览时，赫然将一块手帕遮在一架印有民族风情图案的飞机尾翼上，此举引发了媒体的关注。然而，具有讽刺意味的是，英国航空公司的这个设计项目在世界航空公司中可算是最有深度的设计之一。它真正实现了一些创新，比如把头等舱和商务舱的座位调整成床。

事实上，在实际操作过程中，英国航空公司在目标市场取得的认知效果比其颇为不幸的推广宣传取得的效果要好得多。

这正好证明了企业形象设计领域内可能存在的最大问题是视

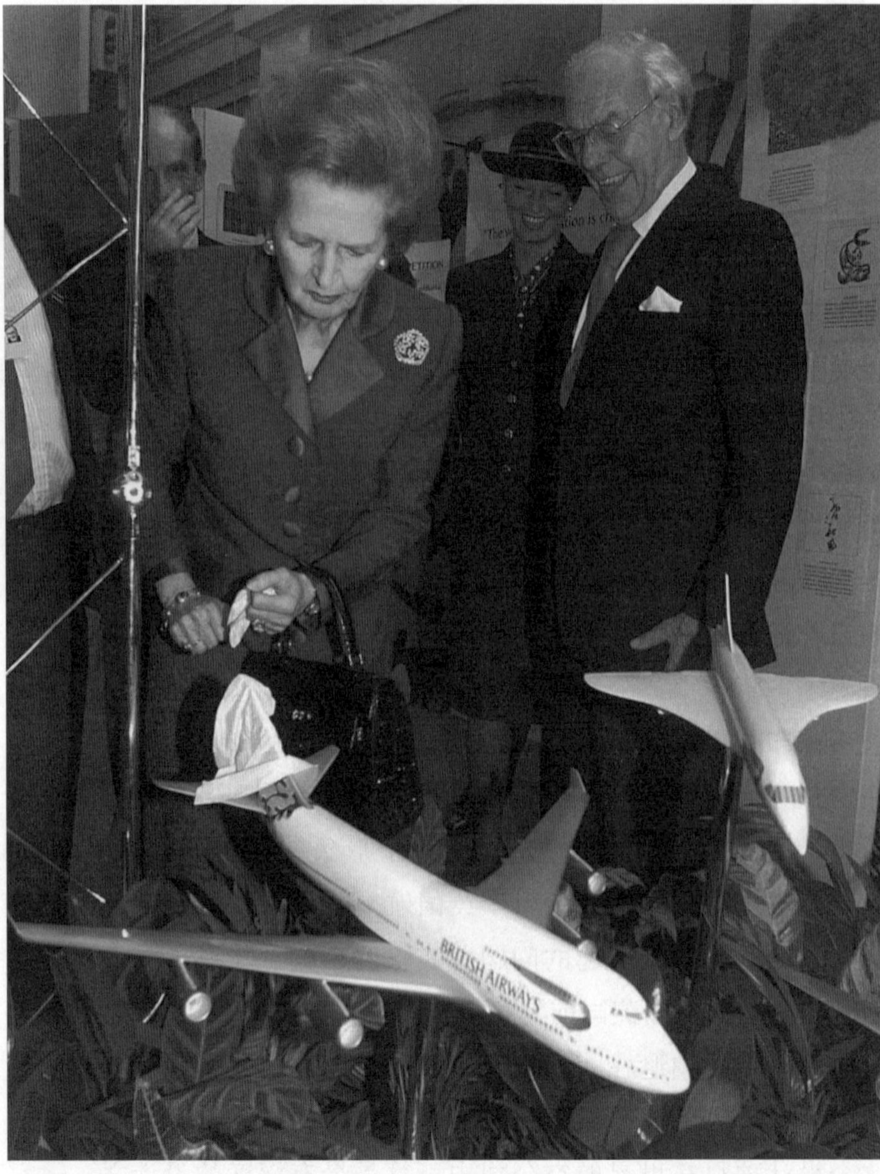

图25 改变的风险：英国前首相撒切尔夫人用手帕盖住飞机模型上的英航新形象

觉形象和形象之间频繁出现的混淆。前者指的是能够使客户轻松识别某家公司的视觉图像。很明显，对公司而言，它是一项有利又必要的功能。后者指的是客户对这个意象的理解，或者他们对公司产生的预期。视觉形象是公司传达给顾客的，表达了公司希望被顾客了解的方式；而形象是在客户体验了公司所传达的信息后的实际情况。只有当两者协调一致时，才有可能谈到企业的整体性。但是如果两者之间存在鸿沟，在视觉形象再设计上砸再多的钱也无法挽回客户的信任。换言之，只有好的产品或服务才能维持视觉形象的可信度。然而，好的产品或服务并不一定需要一个昂贵而做作的设计。最理想的情况就是，好的产品和服务辅以一贯高质和可信的传达手段，这时，意象和形象就是一回事了。

第八章

系统

在设计活动中，人们愈来愈重视各种关于系统的问题。这种重视与对具体形式的关注相反。人们之所以会关注系统，在某种程度上，是由于人们认识到现代生活愈来愈复杂，元素与元素之间存在着多重结合与交叠，进而会影响整体绩效。高科技基础设施系统的普及成了现代生活的基石。2000年末，加利福尼亚州爆发的电力供应危机就证明了这一点。人们日渐意识到，信息技术在衔接不同职能（与人们日渐攀升的电力消费）时起了相当大的作用。从另一角度，人们不断认识到，人类对自然系统的干涉造成了大量的环境问题。也因为这样，人们慢慢形成了生态、有机联系等概念。这些都是引发人们重视系统的原因。

系统可以理解为由一群相互影响、相互关联或相互依赖的元素构成的（或有可能构成的）一个综合体。在设计领域中，系统的综合性可以通过不同的方式来表现。不同的元素可以通过功能相连的方式结合起来，就像运输系统那样；或通过一个结构或渠道的共同网络结合起来，就像银行或电信系统那样；或由相互兼容的元素构成有条理的、能够进行灵活管理的结构，就像模块化生产系统那样。系统的另一个特点就是，相关观念和形式的结合要求一定的准则、标准和程序来确保和谐、有序的相互作用。这就要求有系统思维的能力，同时也意味着合理的、系统的和目的明确的过程。

形式和视觉方案只能应对比较简单的任务，此时，设计师若继续沿用这些手段来处理系统产生的问题，就会因为无法找出问题的实质，继而无法适应新的要求而彻底失败。历史上的事件时常证明，新技术在出现之初会倾向于用已有的形式来定义，新形式被研发出来之前需要有一个过渡阶段。比如汽车只是“无马车厢”，又比如台式电脑最初基本上就是一台电视机显示器加上一个打字机键盘，现在仍需改进。对于很多一开始就要适应实际需要的系统而言都是如此，只有通过发展以后才能达到所谓的系统性的程度。起初，汽车是以孤立的形式存在的。如果人们想远行必须携带燃料，如果出现故障车主得自己维修。出城以后，大部分的路都是土路。直到后来，系统方法才渐渐出台，包括道路的建设及维护、信息系统和支持系统（即维修、燃料补给、食品供给等）。高速公路在不同的时期和地方名称不同，在英国被称作motorways，在美国被称作freeways，在德国被称作autobahns。人们花了半个世纪的时间来设计和建造高速公路的关联系统，才普遍满足了司机们的期望。

除了系统的物理方面以外，很明显，信息在与用户的交流方面也起到了很重要的作用。公路网的一个特色是交通标志系统，这个标志系统列举了在一个系统环境下设计的一些关键特征。在公路网中，每一个方向指示标志都提供了与具体地点相关的详细信息，如它所处的地理位置和周边的连接线路。然而，它们不是被独立设计出来的，而是得服从于一个标准规范。这个规范决定了每个标志的尺寸、使用的字样和符号，以及所采用的颜色。比

2902.1

下一个路口可通往高速公路，68是该高速公路的编号

2903

前方高速公路有岔道，该岔道的编号为25，

该岔道通往诺丁山和A52号公路，直行道的编号保持不变

图26　标准的界定：由英国交通部推出的英国路标系统模板

如，英国高速公路上的标志都是蓝色的，字体用白色；其他主要道路的标志用深绿色，公路编号使用黄色字体，地名用白色字体；支线道路的符号用白色，字体用黑色。因此，人们通过精确的、标准化的符号形式能迅速进行识别。每个标志都能提供非常详尽的信息，同时以能够与整个系统建立联系的方式进行编码。这种系统的目的只在于提供清楚的信息，告诉人们在某个地点转弯或选择某个方向将会怎样，至于真正想去的地方则必须由司机自己决定。有必要补充的是，有些信息形式（如地图或计算机导航系统）呈现的方法并不完全一样，但能与其他方法兼容，这些对于用户操作系统而言也是至关重要的。

方向指示标志还包括路边一系列有着其他用途的记号和象形符号。比如在欧洲，这一类符号在某些情况下已经建立了国际标准。人们要能够区分哪些符号要求遵守，哪些符号只是帮助我们做决定。比如，禁止通行的符号或限速标志试图阻止或控制行为；另一些标志则对可能存在的危险或出现的问题发出警告，要求司机做出决策，如提示前方十字路口有学校或路前方是一个急转弯。类似这样的基本的区分非常重要。

总而言之，任何系统的效率都取决于整体一致性。这种一致性使得用户能够通过明晰的标准，了解并找出解决问题的方法，避免不必要的问题。由于新的视觉习惯要求用户进行一定程度的学习和适应，那些建立在新的视觉习惯上的新系统，对整体一致性的要求应更为严格。由于设计师们试图通过创建越来越多的标志来提供视觉速记服务，在这个方面，计算机程序遇上了大麻烦，过多的标志和标志本身的含混不清不可避免地造成了大量难题。

此外，运输业从其他方面也证明了对系统方法的需求，比如一些主要城市对地铁系统或捷运系统的需求。以汽车和公路系统为例，人们对于城市运输系统整体特性的了解是从局部逐个开始

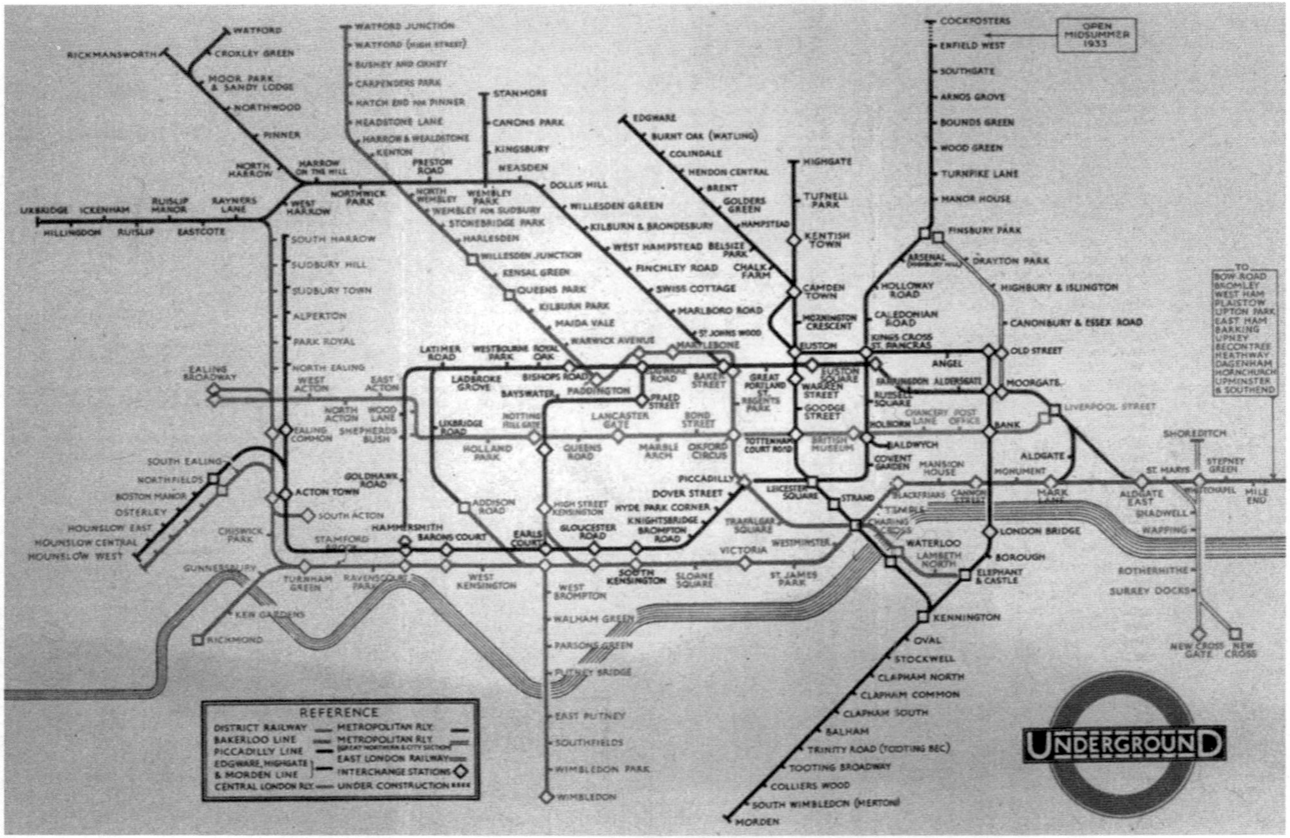

图27　全世界的典范：由哈里·贝克设计的伦敦交通图（1933）

的，经过不断的试验和失误，才形成了具体的概念。在这个方面，伦敦交通公司在十九世纪末二十世纪初到第二次世界大战后的发展可以作为研究的主要案例。在弗兰克·皮克的领导下，不同部门有组织地帮助公司建立了一套多层次的系统方法，首先是确定公共的徽标、字体设计和各种标志，接下来是列车、汽车和车站设备的标准式设计。哈里·贝克在1933年为伦敦交通公司设计的地图是信息设计领域中杰出的作品，这幅地图大大地加深了用户对系统的了解。尽管不是受正式委托（是由贝克在业余时间设计的），但这幅地图非常成功地帮助人们清楚明了地从整体上了解了这个系统，以至于世界各地都争相效仿。

为了在协调一致和特殊要求之间达到一种平衡，我们可以将整体模式分解成很多子系统，几乎所有城市的交通系统都向我们证明了这一点。就某些方面而言，在地区之间运送乘客时会产生一些问题。要解决这些问题，达到高效操作，就需要不同元素之间技术上的配合。不同类型的车辆、通信工具和环境的要求各自不同，但是，一套标准的方法会对操作和维护提供相当大的帮助。我们不仅可以在物理传达的意义上考虑这种系统，而且可以将它运用到信息领域。近来的概念关注用户的立场，关注用户与功能、服务范畴的冲突。观测使用模式能够促使一般概念的形成，并确保一般概念成为即将建立的信息通信系统内的公共标准。

乘火车或地铁旅行时，我们能遇到的不同的信息传达形式，正好可以说明这一点。标志符表明了某项设施的存在，车站入口上方悬挂的一个标志即是如此，公众如果想要进入车站，就可以由此进入。地图、时刻表和票价表提供了服务方面的信息。乘客可以从自动售票机或报刊亭里购得车票，车票上的说明可以帮助他们找到通道。详细的说明可以给乘客指路，帮助他们进入车站内，到达不同线路或通往不同方向的月台。限制性标志（如阻止用户进入操作部门的标志或禁止吸烟的标志）也是系统的一部分。列车上会提供进一步的信息，车站内会有更多的标志符，用户可以通过它们来了解该什么时候下车。车站内常常装饰着美观的图像，比如壁画或马赛克图画，试图为乘客提供娱乐和刺激。在列车上，可能还有其他的表达途径。比如，在那些必不可少的广告中间也会有别出心裁的个人交流，如照片或诗歌等。在车站，我们还发现一些机构试图通过宣传将其信仰强加给大众。下车后，乘客可以根据路线指南和周边地区的地图，迅速找到转乘车辆或车站出口的具体方位，迅速熟悉周边环境。在使用一种或多种官

图28　应对多元化：香港特别行政区街头的双语路标

方语言的地区，传达模式会变得很复杂。香港特别行政区公共交通系统内所有的标志符都是中英文对照的。

当然，除此之外，还有一个类似的环境和物品模式，环境和物品与传达形式相互关联，组成了用户的体验系统。比如，自动售票机和列车本身就属于物品，而售票处、候车大厅、走廊和月台则属于典型的环境。在便于使用方面，最有效的系统是保持着一致性和标准化模式的系统，它帮助用户了解下一步会如何，同时维持一种安全感和熟悉感。为了满足这些需要，设计需要配合使用大量用途不同的手段（如标志、场所、车辆、语音），使用户能不费力气地解决复杂的问题。比如，里斯本的地铁系统在所有车站的站台上都设有系统集合地图，这些地图采用重复的模式，以城市地理环境为背景。它还有清楚指示系统组成要素的地铁线路图，以及每个站台周边环境的详细地图。东京地铁的地图沿用了伦敦交通公司的模式，使用抽象形式和彩色代码标出不同的线路，而且将这个安排做了更进一步的发挥。每个线路的标志和指示牌也使用与线路同样的颜色，走廊和通道的沿途也画着一些彩条，为乘客寻找具体线路提供指示。

在专为身体有缺陷的人提供特殊预防性措施的传达设计中，这类标准化带来了一个特殊的优势。比如简单明了的标志、符号和可供坐轮椅的人使用的升降电梯等。但对于盲人而言，视觉标志显然是多余的，他们的问题需要采用更复杂的模式来解决。东京地铁的许多系统都采用了独特的触觉交流方式。车站甬道的地面上特别用瓷砖条铺成了狭长的盲道。盲道位于道路中间，盲人只需拄着拐杖便能找到他们要走的路。在交会地点处，盲道上瓷砖条的图案及其触感会有所改变，以提醒盲人这里不止一条路。为了解决盲人的困难，专门的自动售票机在关键点上也设有盲文指示和按钮，帮助他们购得车票和浏览系统。这些盲道也延伸到了月台上，通过特殊的设计，帮助盲人找到列车的车门。我们完全可以把为盲人提供的这些预防性措施当作是整个大系统下的子系统。

设计领域其他方面的系统方法近年来也发展迅速，这一点在产品开发和制造方面尤为明显。随着全球化和区域经济共同体（如欧盟）的扩张，这些组织扩大了连接不同市场和文化的需求，但同时，扩张也带来了新的问题。

全球化趋势特别重视那些看似矛盾的需求。一方面，它要求产品与产品之间有更多的共性以实现大范围的经济增长；另一方面，它又要求能够满足不同品味的具体要求，适应特定的市场。全球化历经了很多形式，在这些形式中隐含了从标准产品生产到标准部件生产的转换。那些标准化的部件能够灵活装配成不同的形式，满足众多的需求。

早期的大规模生产模式非常僵化，只有在大量生产标准化产品时才能达到最高效率。但如此一来，即便只在标准产品上进行相对简单的变动都会使整个程序变得相当复杂。比如，为不同市场生产的汽车，有时会要求左座驾驶，有时会要求右座驾驶。解决方案之一就是所谓的“中心线设计”原则，即一条主轴的两边同时作业，车辆装配在其中任意一条线上进行，这样便能够满足任何具体市场的驾驶实践。然而，这样的调整代价十分昂贵，也会产生混乱。

大规模生产的设计通常倾向于单个分离性的产品，这类产品通常以零配件的形式被生产出来，经过组装后可以实现特定的目标。这个过程相当漫长，这种专一性加上具有个人风格的设计导致了市场的分化。新产品的生产过程同样耗时，而且花费一样很大。然而，生产工艺发生的改变提供了迥异的设计途径，尤其是在弹性生产手段逐步取代大规模生产的趋势下。这些都使得生产工序的焦点从成品生产转向便于快速合成和装配的配件的生产。实现这个目标的手段之一就是把产品范畴内的核心元素配置成标准化部件，而且，这些部件都需要配备标准化的接口或连接，这一点同样十分重要。这样一来，系统便能朝着为用户提供更多选择的方向发展。用户可按自己的需要改装产品，这个过程被称为大批量定制，这是一个看似自相矛盾的过程。

日本的国际自行车工业公司可被看作大批量定制发展早期的一个范例。公司建立了一个系统，借此经销商可以向客户提供定制自行车的机会。如此一来，经销商就可以评估客户规模，确定颜色偏好和应附加的部件。国际自行车工业公司收到订单后，由一个能生成一千一百万件不同模型的计算机系统为客户定制的自行车绘制设计图。随后，工人会把标准化的部件组装成产品。定制的模件投递时，它的框架上有丝网印刷的客户名称。

摩托罗拉公司位于佛罗里达州博卡拉顿的工厂在组织生产寻呼机时沿用了类似的原理。据估计，它向顾客提供了两千九百万种不同的寻呼机模型。从美国任何一个地方递送上来的订单到达公司约十五分钟后，客户定制的产品就会投入生产，隔天便可配送。对于厂商而言，这种“准时化生产方式”可以避免库存造成的资金冻结。对于客户而言，能逐一规定产品的具体细节，按他们的希望购买，这毫无疑问提高了他们对产品的满意度。

惠普公司生产的打印机在面对差异很大的全球性市场时，所采用的大批量定制系统采取了延迟差异的办法。任何产品的生产在未达到供应链的最后一个潜在环节前都不考虑它的变异情况，这就要求将配送工序纳入产品设计中，并且产品的整个设计要适应配送的需要。基本产品递送到离客户最近的供应点后，根据具体环境的需要（如产品与当地电力系统的兼容性）再进行装配。

随着模件的运用，灵活配置得到了进一步的发展。同时，这也意味着产品的整体结构被分解成了若干基本的功能部件和转换部件。这些部件按标准模件分组，进而命名为可选性附加元件，这一举措促使系列产品大量地涌现。模块设计使得每个部件都能经受检验，成为高质量产品。这些部件运用于不同的配置方案，生成一系列能适应不同市场需求的产品，又或者成为满足个别用户具体要求的用户化产品。公司以往是将成品作为基本概念的出发点的，随着模块系统的建立，公司的重心转向了整体系统概念内的程序设计。

二十世纪四十年代末，来自丹麦比隆的奥勒·基尔克·克里斯蒂安森为儿童设计的乐高塑料拼装玩具一直是模块运用的通用例证。塑料拼装玩具是从早期的积木发展而来的，它从积木僵化的标准几何形式中发掘出了大量可行的变体。

然而，模块系统的渊源可以追溯到更早的时候，而且，早在二十世纪头十年它就已经出现在组合家具的设计中了。这类家具以标准的长、宽和高为基础进行设计。到了二十世纪二十年代，模块系统变得更加普遍，生产出来的组合家具能够适应不同面积的家庭，或按用户要求进行组装。到了二十世纪八十年代，德国公司（如西曼帝克公司和博德宝公司）设计的厨房系统畅销欧洲市场。客户能够选择一系列模件来适应特别的空间和需要，同时，销售点可以通过计算机模拟的三维影像来展示最终结果，帮助客户调整组件或末道漆色的选择。一旦选择结束，订单完成，客户的具体要求就会通过电脑递送到工厂，工厂按订单生产组件。这样一来，又节约了囤货和仓库需要的大笔费用。

电子制造商普遍地利用模块系统，大量地生产各种音频和视频产品。戴尔电脑公司在模块系统运用方面的成效最为惊人。它利用模块设计开发了互联网作为通信装置的潜力，重新界定了竞争的维度。通过使用互联网或电话，买主可以在公司的网站上按

图29　统一与多样化：西曼帝克橱柜

自己的规格订购电脑。整个过程中，买主先从一批模件中进行选购，最后选择配送方式。公司不需要把部件囤积于大型仓库之内，节省了大笔开支，这就使得它取得了实在的价格优势。

将这种程序进一步扩展，我们就得到了产品平台的概念。为了满足基本的功能性目的，这些平台把模块和部件组合在了一起。在这个平台之上，我们可以迅速地开发和制造多种产品配件。这使得公司的基本观念能够迅速地针对市场变化或竞争环境做出调整。索尼公司可算是其中一个成功的范例。1979年索尼公司推出了一款随身听。这款随身听兼有基本功能模块和高级功能模块，一开始就取得了很好的市场反响。每个模块都能帮助它迅速地推出一系列的样品，以测试不同层次市场上的多样应用和特征。这些模块是它与效仿者竞争的基础，并确保了它不败的地位。

索尼公司使用平台系统在竞争中保持领先，柯达公司则利用它们来回击日本富士公司在1987年推出的一款使用35毫米底片的一次性相机。柯达公司花了一年的时间研发了一个可与之竞争的样品，到1994年时，它已经占据了美国市场70%的份额。即使在这样一个特殊的领域，作为一个效仿者的柯达公司比富士公司推出的产品更多、价格更便宜。这一点再次证明，平台概念加上通用组件和生产过程是这次成功的基础。在这个基础之上，这种相机可以快速、成批地投入市场。

1995年，福特汽车公司开始了一项长期改组计划，该计划吸收了平台理论，试图把公司打造成全球性组织。自此以后，公司在开发车辆类型时，重心都放在全球视角上，而不是为特殊市场生产特定车辆。这样做的目的在于减少产品开发的费用。在汽车行业，产品开发的费用已经攀升到一个惊人的高度了，只有在全球性市场范围内才能进行调节。基于一系列标准车辆的概念，平台生产方法使福特公司能够在世界上任何能提供最廉价、最高速生产服务的地方制造组件。反过来，这些方法又能成为适应个别差异市场的基础。当具体的需求被确定后，这些市场能得到快速开发。

这些开发和设计系统解决了明显存在于高速、经济的产品生产需求与客户按需定制产品的愿望之间的矛盾。这样做是为了通过特性和共性的并置，在低成本、高效率的生产系统中找出具体的举措。

这类方法的优点还体现在，它们能够在后续的服务中为用户提供更大的价值。佳能公司生产出的第一台个人复印机并没有配套服务，后来，通过在墨盒中添加通用模块里常用到的一些元件，解决了这个问题。事实上，每次更换墨盒的时候，机器都获得了一个新的动力装置，如此便大大地减少了维修的需要。

然而，设计师遇到的最大挑战可能是如何更好地使人们创造出来的系统与数万年进化的结果（即生态环境）和谐共存。如果我们能了解系统的本性，了解局部变化是如何影响系统，系统又是如何影响相连的各个系统的，就有可能减少一些相对明显的危害效应。如果客户、公众和政府制定适当的策略和方法，设法从根本上解决问题，那么设计可能会成为一种解决问题的办法。遗憾的是，经济系统的基本观点坚信共同利益取决于以个人利益为前提所做出的各个决定的总和，若是用这样一个系统来解决人类在改造自身环境时出现的问题，不得不让人怀疑它的能力。在这个意义上，设计本身也成了问题的一部分。设计是经济和社会这个大系统下的一个子系统，而且在这些背景下，它不是独立运行的。

第九章

语境

从广义上来说，来自三个语境的影响与设计实践有关，这些领域分别是：专业设计机构或设计师看待自己的方式、大部分的设计实践所处的商业语境，以及国家政策。每个国家的政策都不同，但是在很多地方，国家政策是一个非常重要的因素。

上文里我们曾提到过一个事实，那就是设计从未作为一个主要职业发展过，它并不像建筑、法律或医学那样有自律的权利，可以控制准入和实践的级别。设计活动确实千变万化，其作品丰富多样。因此，设计是否应该以职业为基础来规划，这样的规划能否成功，实在令人怀疑。

尽管如此，许多国家已经建立了专业的设计团体，它们能提供专业化的服务，或按设计能力进行综合分类，这一切都表现出了设计师给政府、工业、新闻界和公众带来的影响。同时，这样的团体也为从业者开辟了一个讨论相关事务的论坛。这些团体中有些（如美国工业设计者协会或美国平面艺术研究协会）进行的是专项设计，而有些团体（如英国特许设计师协会）的设计方向则比较多元。它们中间也有国际机构，可以承办国际会议，解决跨国界的设计问题。

设计机构可就它们如何看待自己的作品发表声明，也可对实践活动的标准提出建议。但事实上，在这类问题上并不是设计师一个人说了算的。设计师出于个人兴趣爱好进行的个人试验和探索，是维持其创作动机所必需的。除此之外，绝大部分设计师很少为自己工作或独立作业。他们为客户或雇主工作，所以商贸背景必须被当作设计活动展开的主要舞台。最终，设计活动中哪些可以被接受、哪些可行或哪些令人满意，主要由客户或雇主来决定。因此商业政策和活动成了了解设计在操作方面的运行方式和设计能够产生的作用及其功能的基础。

由于有关设计在公司整体策略上所起作用的详细说明相对较少，在利用商业方法对设计进行分析时会存在很多问题。在企业的上下级关系中，将设计作为领导者来定位，这样的做法同样是不合适的。因为，我们可以发现设计以大量不同的形式存在于企业中。比如，设计可以是一个独立的职能部门，也可以隶属于工程部、销售管理部或研发部。

在很大程度上，设计实际的运行方式取决于不同机构内的固有方法。同时，它更多地依赖于个性和习惯性行为。然而，正是由于这些差异，我们才能对一些基本模式加以区分。

在组织机构方面，设计可以是中枢职能部门，也可以被分散到机构的各个部门。众所周知，类似于IBM这样的公司，长期以来对于生产什么样的产品、如何进行市场营销都有严格的集中控制。相反，如日本电器巨头松下电器公司这样的集团企业，会将权力下放到各个具体产品的生产部门，如电视机、录像机或家用电器等部门。

有些公司的设计很明显地是长期解决方案或短期解决方案。在汽车行业，德国梅塞德斯公司注重长期解决方案，坚信由它生产出来的汽车，不论过了多久，都易于识别。在设计上，梅塞德斯公司进行了集中化的控制，主张每一款新的汽车模型都要保持梅塞德斯品牌的一贯风格，确保它的可识别性。与之相反，通用汽车公司采取的则是短期革新的策略。公司将设计的责任移交到不同品牌（如雪佛兰、别克和凯迪拉克）的生产部门。通过每年设计、更新汽车模型，公司将重点放在不断的变异求新上。在众多公司联合组成集团化企业的情况下，不仅是产品决策而且就连设计活动也常常被移交到下属各个组成部门，吉列公司就是一个典型的例子。公司除了主打产品化妆品以外，还拥有专门生产牙齿护理用品的欧乐B公司、专门生产电器产品的博朗公司，以及派克制笔公司。

在服务机构、航空、银行等领域以及特许权经营公司，如快餐和石油公司里，尽管各个销售网点的经营者不同，设计都是它们保持公司形象和协调统一标准的主要手段之一。类似于麦当劳这样的公司无法对散布于全球的所有特许经营点的各个方面都进行日常管理，但是通过设计，在食物本身以及食品烹制、递送和环境布置等问题上都形成了系统化的方法。设计在建立和维持公司基本标准上起到了关键的作用。

如果设计在机构内起到的整体作用是如此多样，而可辨的基本模式又是如此之少，那么我们可以推测，设计在具体操作管理层面上会更加混乱。即使是在一些特殊的产品部门，公司在为同样的市场生产类似的产品时，仍然会产生大量的差异。

很明显，各个机构特定的历史和设计师的个性，对于理解设计在他们各自活动中所扮演的角色都起到了至关重要的作用。有些公司最初依靠企业家对于市场机遇的洞见而创立，有些公司的创建则是源于特别的技术创新。也有极个别的创建人是出于一种社会责任心。甚至还有些设计师，为了保持他们作品的实质面貌，成立了自己的公司。有些公司已经建立了正规程序，能保持长时间运作的一贯性。但是其他一些公司则依靠领导者个人的洞察力和偏好。这些领导者身居高位，坚信设计对公司的形象和声誉至关重要。

设计意识出现以后，与其他竞争力相结合，成为决定公司存亡的核心竞争力的一部分。至于公司是如何发展到这一步的，并没有明确的模式。那些强调高标准产品形式和传达的企业，从最初开始就具备了设计意识，索尼公司就是其中一个典型的例子。在另外一些情况下，设计意识则是在面对危机时产生的一种应对方法，这也说明了，设计在改变公司命运的问题上可以起到一定的作用。二十世纪九十年代初，美国三大汽车制造商中规模最小的克莱斯勒公司，设计出了一系列极具创新性的汽车，使得公司从深陷的危机中脱身出来。克莱斯勒公司生产的这个系列，即便在“世界汽车之都”底特律城也享有盛名。这一切绝大部分得归功于能干的设计副总托马斯·盖尔。盖尔能进入企业战略决策层，并能将新的设计概念融入公司的整体复兴计划之中。然而，在很多公司，对设计的某种理解应被吸纳到企业的决策过程。

如果说，阐述公司意识中设计演变所采取的模式会比较困难的话，相对而言，设计如何在公司中失势则是比较清楚的。一个大型企业不适应这种或那种环境变化而产生危机时，没有谁能保证设计可以帮助它渡过危机，即便我们认为这个公司具有典型的设计意识也是如此，奥利维蒂公司就是一个很好的例子。管理风格和意识上的改变也意味着细心培养的设计水平会被慢慢削弱，甚至被当成无关紧要的事情，或许还会存在不同个性的碰撞，当克莱斯勒公司与戴姆勒—奔驰汽车公司合并以后似乎就发生了这种情况。近来，一些公司见证了设计发展的另一种趋势，即外包。这个术语是用来指那种为缩减开支而依赖外界顾问而不是利用公司内部设计资源的做法。即使像飞利浦和西门子这样一贯强调设计要融入公司的结构和程序的公司，现今也要求旗下的设计团队像内部设计师一样工作，这就意味着它们必须与外界的顾问公司一起竞争公司项目。为了在财政上能够自给自足，公司也希望它们能从外面接洽业务。

这种削弱设计部门的趋势或许可以削减开支，但是也有它的弊端。如果公司希望设计能实实在在从长期、深层的意义上成为区分本公司与其竞争对手的标志，那么公司就会要求持续地发展设计，以期它能承载某种独特的观念。在这方面，芬兰专门生产电信产品的诺基亚公司，一直在通过细心的设计来突显产品的实用性。这使得它在十年不到的时间里就能与爱立信公司、摩托罗拉公司这样的电信领域内的企业巨头相抗衡。

除了大公司以外，全球大量的商业活动都集中在中小型企业的名下。这些中小企业很少像大企业那样占领着市场。它们必须回应市场，有时是紧跟着潮流的变化而变化，有时是利用设计来开拓市场。意大利的照明设备公司（如弗洛斯公司和阿提卢斯公司）和丹麦的家具公司（如弗雷德瑞西亚公司），已经在利基市场确立并维持了它们的领导地位。通过对产品进行大胆的创新，这些公司常常瞄准了有利可图的上层市场。

如果公式化的途径不易辨别的话，无论如何，对于规模较小的公司而言，一个明显的决定性因素是私营企业主在替设计活动设定标准时所扮演的角色。三个来自不同生产部门的例子就能说明在最大程度上支持并联合设计，中小型企业可能取得的发展前景。乔·班福德在英国成立了JCB公司，专门生产挖掘装载机。公司确立的设计标准使得它的产品能够在全球市场上与同领域的大公司，如美国的卡特彼勒公司和日本的小松公司竞争。总部设在德国吕登沙伊德市的欧科公司是著名的工程照明灯具生产厂商。

图30 实用性和竞争力：诺基亚移动电话

欧科公司在经历了四分之一个世纪的转型后，从早期默默无闻的生产家用照明设备的制造商发展成为了世界工程照明设备利基市场的领头人。根据常务董事克劳斯–于尔根·马克对市场的预测，公司把焦点从原来的家用设备转向了可移动的照明工具。他认为公司开发的任何新产品都必须是真正意义上的创新，强调设计必须贯穿公司运作的各个方面。美国一位退休的企业家萨姆·法贝尔发现患有关节炎的老年朋友在使用厨具时会遇到困难，由此他成立了一家生产厨房用品的新公司，请纽约斯马特设计公司为这些产品设计了方便控制和操作的手柄。事实证明，这是一个了不起的成功。它不仅迎合了广大老年朋友的需要，而且获得了更广泛的青睐。正是得益于这些产品，好易握公司在十年之内重新整合了市场。

为了能够对自己的工作有更多的决定权，一些设计师成立

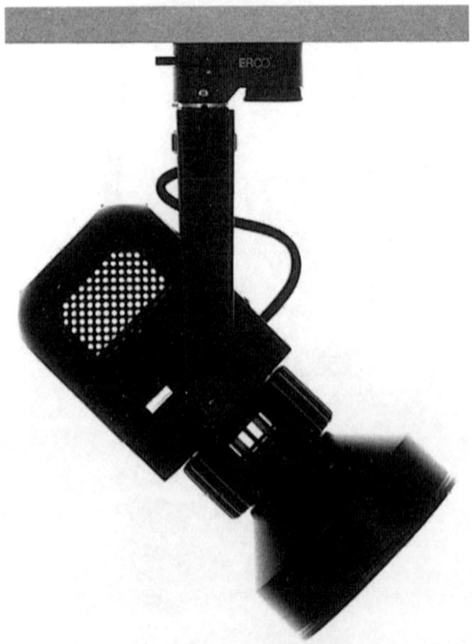

图31 照明的不一定都是台灯：欧科公司的工程照明系统

了自己的公司，这是个很有意思的现象，如德国灯具设计师英戈·毛雷尔，又如英国的戴维·梅勒（他不仅负责设计和制造刀具，还把自己的设计与具体的零售结合了起来）。或许在这些人中，最典型的例子应属詹姆斯·戴森。他设计的双气旋真空吸尘器击败了诸如胡佛、伊莱克斯、日立等全球主要公司生产的产品，成为了英国市场上最畅销的产品，同时，他还在不断开拓海外市场。戴森曾表明要成为世界家用电器行业最大的制造商，这一点正好非常清楚地证明了大公司不过是由有雄心的小公司发展而来的。

如果说，商业是进行具体设计决策或微型设计决策的主要竞技场，许多政府则推动了所谓的宏观设计政策的发展。政府把开发和宣传设计作为一个国家为提高工业竞争力而制订的经济计划的一个重要因素。与商业相同，在政府为设计拟定政策目标时，会出现大量的组织和实践方式。为了达到特殊目的，其中一些甚

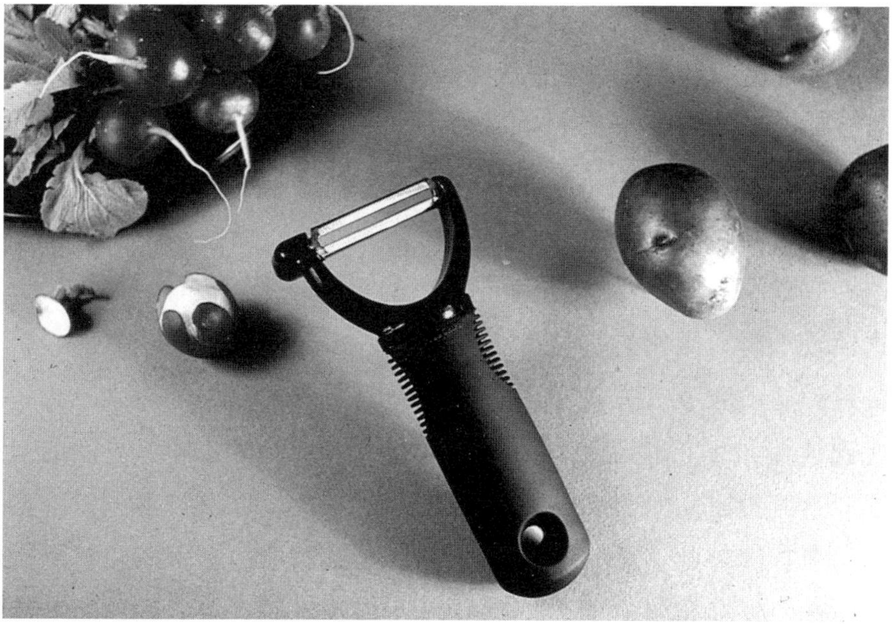

图32　并非生活必需品，但所有人都喜欢：好易握公司生产的系列厨房用具——Y形削皮器

至开始干预设计实践。但是，即便私人企业拥有执行权，在决定任何政府政策产生的效力时，两者之间的相互作用都是至关重要的因素。当然，这对任何特定社会的设计方向都会产生决定性的影响。

政府政策可以理解为围绕特定主题、为达到特定目的而采取的一系列法则、宗旨和程序。除了正式政策公文上明文规定的条款以外，在政策执行时还存在着一些隐性方面，这对于了解政策的效力也十分重要。比如，在日本，政府官员与商务专员之间有着一张十分密切的、非正式的联络网，它是意见交流与合作方面的渠道，力量十分强大。

尽管设计的具体执行情况因政府的性质和执政目标的不同而不同，各种类型的政府早已将设计视为了经济和贸易目标的一部分。政府是否会试图直接对工业施加影响？更有甚者，在某些政体下，它是否会控制生产方式和产品分配？在一个比较民主的政体下，它是否会努力制定大目标，依靠与工业的合作或对于工业的鼓励，将这些目标一一实现？

过去，政府干预经济事务多是为了避免改革威胁到政府的利益，或者预防改革有可能引起的社会动乱。然而，在十八世纪的欧洲兴起了一场名为“重商主义”的经济政策变革。简而言之，这项政策努力限制进口，大力促进出口，以此来提高相对的经济实效。这项政策首先在法国由路易十四系统地规划了出来。为了达到这些目的，他采用了如下手段：大力促进国内制造业的发展；直接投资生产设备；设定高额进口关税，以保护本国制造商抵御来自国外的竞争；支持商业资本家在海外的竞争；投资基础设施建设，提高生产能力；吸引国外有才华的工匠；发展有利于设计教育的环境。

实质上，重商主义经济政策的基础是一个静态的经济概念：既然可能的产量和商机在总量上是有限的，那么，一个国家的商业政策就应该把获得有效总额中最大的份额作为目标，即便这样会损害到其他国家的利益。在这样的情况下，设计被认为是创造竞争优势的决定性因素。基于这样的政策，不管是过去还是现在，法国都是奢侈品制造领域的龙头老大。

重商主义坚信国家在解决经济问题时必须以自己的利益为前提，这不仅是它也是当今任何一个政府在制定设计政策时的基础。尽管类似于欧盟和北美自由贸易区这样的区域性组织在不断地壮大，这种信念仍然存在。而且，重商主义派生出来的概念仍是许多政府政策中一股强有力的力量，尽管它们在表现形式上有所变化。我们现在的重心是发展技术和设计，使其成为提升国家竞争力，进而取得经济利益的手段。但是，这些能力是否能够被定义为国力，或者是否能作为一个国家的特点，在其疆域内推广，正日渐受到质疑。

在欧洲，国家的设计政策通常以宣传实体的形式出现。这些宣传实体由政府出资建立，但是在职能行使的具体环节上，它们有相当大的活动余地。英国是最早推行设计政策的国家之一，这种宣传模式首先明确地出现在英国。工业革命使英国在技术和经济上取得了巨大的领先，但是法国的产品依靠出众的设计风格，仍能有效地与英国产品抗衡。1835年，英国议会提议成立的设计与制造特选委员会为解决这些问题提出了诸多建议。结果，新的设计学校纷纷成立。问题是，人们相信工业设计的提高必须依赖于艺术的介入。更有甚者，有些人认为唯有那些艺术家才能胜任新学校的教学任务。所以，这些学校实际上都发展成了艺术学校。它们中间最为突出的一所是设计师范学校，后更名为皇家艺术学院。在接下来的十年里，教育系统在输出专业设计师方面的种种不足导致了制造商的频频控诉。为了满足工业设计的需要，人们努力从其他方面提高设计教育，但总体上收效甚微。

1944年，第二次世界大战进入最后阶段，英国政府成立了工业设计委员会，后更名为设计委员会。尽管由政府出资，但是它仍是一个以半独立状态运营的机构。它建立的主要目的在于通过提高工业设计来刺激出口贸易。如果按它最初的目标来评判，那么这个机构的运营是完全失败的。因为在四十年后，英国制成品的贸易差额出现了两百年来的首次赤字。设计委员会成立以来，一直试图通过劝导的方式来行使职责，致使它无法有效地改变任何事情。1995年后，政府对它进行了机构精简，大力将设计作为政府鼓励工业创新的一个方面。然而，英国在成品贸易上仍处于赤字，它需要做的事情还有很多。

德国也有一个类似的机构，即设计委员会。它成立于1951年，也是由政府出资的，事实上，应该说是由联邦政府出资的。

它一度对设计在工业和普通大众中的宣传起到了实质性的作用。它不仅强调设计在现代社会中的经济影响，而且重视设计的文化作用。到了二十世纪八十年代，政府出资减少了。尽管如此，它仍坚持运作，只是将宣传工作的重心移交到了联邦政府下不同的设计中心，而这些设计中心更强调区域的发展。

对于这类团体而言最明显的一个问题是，它们时常要受到瞬息万变的政治气候变化的影响。由荷兰政府于1993年投资成立的荷兰设计中心，在约翰·萨卡拉的管理下曾一度充满活力，是人们关注的焦点之一。人们在那里讨论设计在现代社会中的作用，各种富于首创精神的实践层出不穷。但是2000年12月，在文化部部长的建议下，资金被撤走，它因此而被迫关闭。显然，当这类机构的实际运行与政客们的预期构想之间产生分歧时，后者通常具有决定性的权力。

说到这类关系，丹麦设计中心在欧洲众多宣传团体中是一个非常成功的典范。它成立于第二次世界大战结束以后，现已成为丹麦设计建设中不可或缺的一个元素。设计不仅仅是丹麦经济生活中的一个因素，同时也参与到了有关丹麦社会特性的对话之中。如果没有政府一直的支持，这一点恐怕是不可能实现的。比如，2000年初，在哥本哈根的中心基于特定目的而新建成的总部，不仅显示了政府对设计的支持，而且同时证明了设计已经完全融入了国民的生活中。

令人诧异的是，与之相反，在大西洋彼岸的美国，过去没有，现在也没有制定任何的设计政策。有关当事人，如专业设计机构，纷纷抛出各种各样的建议，但是美国联邦政府对这样一个领域仍拒绝接受，只有密歇根州和明尼苏达州对设计在提高竞争力方面的能力表示出了一点兴趣。造成这种情况的原因是复杂的，但有一部分与经济思维方式有关。这种思维方式认为设计是表面的、无关紧要的东西，很容易就会被国外的同行剽窃，所以政府不应该资助这种事情。

具有讽刺意味的是，第二次世界大战结束后，日本开始实施经济重建计划时，借鉴了美国在两次战争之间利用设计作为商业工具以取得发展的例子。在日本，负责经济发展政策的主要政府实体是日本的国际贸易与工业部（简称MITI）。它的政策是为了协调日本企业在特定部门内的种种行为，使它们具备立足于国际市场的竞争力。日本提高其设计水平的方法是这些政策当中的一部分，也是MITI运作下的典型模式。实际上，日本人采用的方法有力地证明了重商主义原则的变体在现代社会仍然很活跃。

在某种程度上，我们可以说日本的工业界早在第二次世界大战前就已经有了专门的设计技术。这些技术源自欧洲以艺术或手工艺为基础的理念。在很大程度上，日本一直通过翻版国外的设计来生产廉价产品。战败后，日本的工业生产力几乎被完全摧毁。MITI以贸易出口为基础，制订了重建和经济扩张的计划。MITI的早期政策包括两个主要的政纲条目：一是引进国外最新技术，二是重建并保护国内产业。因此，国内市场就成了出口贸易的发展平台。

作为政策的一部分，MITI开始积极推广设计。它从国外聘请了拥有杰出设计师的咨询小组，但更为重要的是，它同时还成批地派遣有才华的年轻人赴美国和欧洲接受培训，培养出了一批合格的设计师骨干。随着MITI旗下的日本工业设计促进组织的成立，以及“优秀设计选拔系统”的形成，设计宣传活动得到了进一步的促进。所谓的“优秀设计选拔系统”，又称为“优秀设计奖”竞赛，旨在宣传日本最好的设计。

到了二十世纪五十年代中期，在MITI的大力推动下，众多大型日本公司渐渐成立了设计部门。设计很快融入了开发过程中，

图33　设计是国策：丹麦设计中心

并成为了其中不可缺少的一部分。从海外归国的一些设计师或受聘于企业的设计部门，或独自创立咨询公司。比如，荣久庵宪司成立了GK工业设计研究所，平野拓夫成立了平野设计株式会社。在近半个世纪的时间里，这两个机构都处在领先位置，在工商业界取得了一定的设计口碑。由于新的教育课程不断增加，在职培训不断发展，到二十世纪九十年代初时，在日本从业的工业设计师已经多达两万一千人了。尽管在二十世纪九十年代出现了经济衰退，MITI仍然坚持把设计当作国民经济的一项战略性资源。它不断审视当下政策、提供思想框架，并对新的发展做出回应。日本最初生产仿制品，后来转向生产技术先进、设计优良的产品。世界上几乎所有人都受到过日本这种转型的影响。在这个过程中，日本在世界上的经济地位和它的生活标准都得到了显著的提高。

东亚其他国家或地区也都沿用了日本设计宣传的模式，并取得了巨大成功。比如在过去，台湾地区的产品被称为廉价的仿制品。现在，台湾地区负责管理经济事务的部门坚持把设计宣传与技术开发作为提高对外出口产品内在价值的手段。负责这一政策的出口贸易协会卓越地提升了台湾地区产品的形象。新世纪的经济政策有两个对等的目标，概而言之，就是要把技术和设计的结合作为未来发展的基础。现在，台湾人对他们的产品有着十足的自信，不仅如此，他们还在杜塞尔多夫、米兰和大阪等地建立了设计宣传中心，积极地向主要竞争者传达自己的观念。

韩国也展示了一个类似的发展模式。十九世纪五十年代初期，战争让韩国变成一片废墟。到了十九世纪六十年代，政府开始效仿日本工业化的模式，同样鼓励公司依靠设计师来提升产品的标准和声誉，同时，政府出资并谨慎地扶植设计的教育和推广。与日本的情况一样，过去韩国的产品也仿造国外的设计。但是到了十九世纪八十年代以后，韩国的设计教育设施得到了快速、充分的发展，在企业设计和设计咨询两方面的表现也都上了一个台阶。

包括新加坡、马来西亚和泰国在内的许多亚洲国家都将设计宣传作为提高它们在国际贸易中所占份额的手段。在整个亚洲，每个国家和地区在推广这种标准的时候，都伴随种种公开的或非公开的限制，以确保内部市场免遭海外产品的渗透。

很显然，许多政府都认为这样的政策是有用的。它们一直坚持贯彻这种政策，并时常投入大量的资金来兑现它们的承诺。我们通常认为，只有国力增强了，我们才能抵制全球化的侵蚀。但是我们必须认识到，设计咨询公司在发挥最大的效力和创造力时，可以是无国界贸易全球化模式中灵活性最强的。比如，新加坡就鼓励国内的设计部门成为一个自主的服务性行业，在区域或全球范围内行使职能，这比仅仅将设计定位为国家政策时所产生的实用性要强得多。

此外，在大多数国家，为国民提供设计教育服务也被认为是政府的责任，尽管没有任何建议表明要将现行的设计教育进行大规模的改造，以期谋求未来的利益。就政府而言，政府尽管大力资助了对其他很多商业能力（如技术和竞争力）的研究，但是却明显地忽略了对设计及其功效的认真研究。

另一个突出的事实是，现代及专业意义上的设计似乎已经在国家经济和技术的发展中起到了相当大的作用。在经济欠发达的国家中，我们尚未有明显的例子能够证明设计已经被提升到国家战略的地位，但它仍有可能成为有利于新兴国家或第三世界国家经济建设的工具。

基于语境，最后我们需要引证的具体问题还包括：既然设计能产生如此广大的效应和深刻的影响，它是如何被广大公众理解的呢？媒体如何描述设计，它与经济、文化生活之间的关系以及它对二者做出的贡献，还有人们怎样看待自己在设计适用中承担的角色，这些方面都是讨论此点的要点。这些要点要么极度含混，要么因其缺失而引人注目。在二十世纪，由于大部分设计还是取决于生产者的认知以及他们对使用者的定位，所以，我们毫无意外地拥有大量的市场数据。然而，关于人们对于设计真实的想法，我们却没有什么了解。所以，我们现在最需要做的事情，就是研究设计是如何被人们接受的，并依此来建立清晰的指标。

第十章

未来

本书中反复出现的两个主题，一是设计活动变化的范围，二是在技术、市场和文化中发生的意义深远的变革影响设计活动的方式。设计不可能远离这些影响力广泛的模式而独善其身，但是它与这些模式相处的情形却没有什么章法。在变革的早期，人们迫切地想知道变革意识能发展到何种程度。由于我们不能确定最终的结果，所以我们没有明确的答案。从二十世纪八十年代早期开始，人们一方面试图改造旧的形式和程序使其适应新的目标；另一方面则在大刀阔斧地试验，对远景进行大胆地判断。如果本书的基本观点认为，设计的历史发展是分层的而不是线性的，那么我们可以说，设计的发展是依靠新生事物对已有模式进行补充，进而改变它的功能和关系，而非简单的新旧置换。

可以肯定的是，已有的设计方法和理念，尤其是在二十世纪占主导地位的方法和理念，在一定程度上会继续发展。正如我们在第八章所提到的，基于复杂的系统理念，大规模生产方式已经进入一个新阶段，辐射到了全球市场。计算机并非总能取代现存的概念化、再现和细化的方法，却能对它们进行大量的补充和提高。毫无疑问，计算机作为一个工具对设计起到了深刻的乃至革命性的影响。人们在巨型电脑屏幕上，通过虚拟技术再现现实，能同时对不同地点的工作进行十分细致的操作。这在很大程度上取代了旧的操作方式，代替了以往利用有形模式生成产品理念的方法。然而，对任何设计师而言，在典型的并置模式中，制图作为研发和再现视觉理念的最古老的方法之一，仍然是一种不可取代的技巧。随着快速成型机的逐步完善，它能够在越来越短的时间内，根据计算机给出的指令生成规模越来越大、复杂性越来越高的三维立体图形。这又给生产工序带来了巨大的影响。同时，计算机还能从诸如文本、相片、音频和视频之类的众多材料中合成、叠加形式，实现大量平面影像的转换。一方面，某些特殊的应用领域对技巧的要求越来越具体，设计变得越来越专业化。与此同时在另一方面，设计朝着跨专业的方向发展，设计活动需要运用多种形式的技巧。

在某些机构内，设计师承担的角色原本就有明显的差别。可以预见的是，这些差别会越来越大。有一些设计师是执行者，他们实际上执行的是他人提出的想法。即便是在这些执行者中，他们的工作也不尽相同。根据产品特点和传达情况，一些人对产品进行常规性的改造，另一些人则对产品的功能和形式进行具有高度原创性的重新界定。根据公司从事的商业类型、产品的使用周期情况，设计师的工作可分为模仿、改装、重新界定主要功能和开发全新理念。同时，设计师慢慢进入公司战略的决策层。这不仅对未来的形式设计产生了深刻的影响，同时也影响了今后商业的整体模式。比如，索尼公司旗下设有一个战略设计小组，它直接向总裁汇报工作，为规划索尼公司未来可能的发展方向不断出谋划策。在这些发展的背后，我们需要思考的是：设计的价值是否主要体现在与现有产品和服务相关的一系列技巧上？设计是否同时也被当作一种独立的知识形式？设计是否能够形成一整套全新的价值理念？

我们要从职能上来甄别设计师，将他们分为形式提供者和形式实施者。前者设计的形式不允许发生任何变异，要么被用户接受，要么被拒绝；后者利用信息技术和强大的微型系统，为用户提供改造形式和系统的方法，以实现用户不同的目的。人们发展电子技术，制造功能强大的微芯片，开发越来越精密的软件，并以低廉的价格供给消费者。这一切都表明产品和系统在满足用户的具体需求时具有高度的弹性。无论是形式提供者还是形式实施者，这两种角色我们都需要。基本价值观和方法的不同，导致了两者的差别，以至于它们构成的行为模式在每一点上都有实质性的不同。

更为精细的技术和方法无疑会层出不穷，甚至会以更强大、更系统的方式出现。然而，随着工具变得日益强大，我们有必要提出一个非常重要的问题：设计活动中所渗透的价值观念是什么？产品的内容、生产目的的未来模式是否仍然主要由商业公司决定，体现设计师个人的价值观，还是由用户决定，设计师和企业提供服务以满足用户的需求？相对自由的经济意识形态认为后者才是未来应该采取的模式。然而，现实的经济行为明确地指出，前者在很多方面占据了统治地位。以电话应答系统为例，它们首先会对用户表示这次通话对公司是多么重要，然后一步步把致电者引入一个混乱的、无应答的电子迷宫，令人愤怒的是，最终我们面对的还是一个机器应答系统。在商业社会里，图像和现实之间的鸿沟表现得最明显的地方莫过于顾客受到的待遇。一方面，制造商试图控制市场；另一方面，新技术为用户提供了获得信息和对照标准的潜在渠道，两者之间的内在冲突与日俱增。大部分情况下，设计师无法参与决策制定，但是在表达最终制造成果方面，设计能发挥重要作用。

因此，了解设计师在他们的作品中所指向的群体变得尤为重要。发达工业化社会的人口占世界人口比例小，其成员的基本需要在很大程度上能够得到满足。大部分人有足够的饮食，他们的生活水平不错，在选择医疗和教育的问题上也有很大的自主性。生活选择、教育机会和信息获得上的开放性带来了实质性的好处。美国在计算机个人拥有和网络访问水平方面都位于世界前列。大多数美国人能使用设计优良的交互式网站自由获取信息，提高产品定制的水平，这些好处都是显而易见的。然而，我们并不确定世界上其他国家是否会沿用美国的模式。出于不同目的，系统设计技术既能提高也能限制信息自由度。

此外，贫困也是一个相关因素。工业化国家中仍然存在着大量的问题，要求人们给予更多的关注。设计有助于这些问题的解决，比如改善贫困和无技术人员的教育设备（在美国和英国，约占人口比例四分之一的人属于职业性文盲）；在不断改变的经济形式下，通过提供各种再教育的机会，减少失业问题；关注老龄人口的需求；提供灵活性的福利和医疗措施；解决种种环境问题——我们不仅要忙于解决严重的生态问题，也要关注噪声污染和人类环境压力等更为直接的问题。

剩余财富主宰着市场，无节制的消费蔚然成风，往往会把这些问题掩盖。以美国为例，据统计，仅在2000年年内，这个人口占世界人口3%的国家消费了世界上25%的有效资源。在美国，人们不仅越来越重视产品和传达的设计，同时也开始关注各种“体验”设计。在某种程度上，这可以理解为基本的实用性已经基本完善。同时，它也暗示了生活对于没有能力亲自体验任何事物的人是无意义的。人们则不断被动地接受各种人造的、商业化的和商品化的体验。这些体验往往都以客观逼真的形式呈现。在这样的情况下，设计用庸俗的方式阻挡了任何棘手的或令人不安的事物。

通常意义上的“第三世界”，或称“发展中”国家、“边缘”国家，拥有世界上约90%的人口。随着全球化、工业化和城市化的发展，设计在经济、文化中所起的作用，也是这些国家需要面对的迫切问题。一些全球性企业已经基本“腾空”了在本土作业的员工，仅保留些许核心管理和设计的职位，而将生产转移到有廉价劳动力的地方。这些公司并不关心这个生产过程对多样的当地文化造成的影响。企业圈子里盛行的说法是，随着全球化的展开，中央政府起的作用会越来越小。这听起来明显像是一厢情愿的说法。除了少数发达的工业国家之外，许多国家的政府可能是唯一能抵制商业扩张和文化蚕食的机构。总之，这些侵略不是来自国外，就是来自国内。遗憾的是，在实际操作中，许多政府本身就是建立在一种腐败的基础之上，它们自发成为了这类剥削的同盟。

然而，我们不能把全球化进程简单地描述为某些大企业以不可阻挡之势将世界收归旗下。基于这种认识，人们掀起了各种反抗浪潮，以抵制世界银行和世界贸易组织那样的实体。不计其数的中小型企业逐渐加入世界贸易的行列，它们推出的产品和服务的范围相当广泛。这种情况与对于资本主义的残酷印象并无多少关联。

这样的例子在小型的商业公司中比比皆是。这些公司秉承着对顾客负责的态度进行生产。芬兰的费斯卡公司对现有的剪刀在设计和制造方面进行了改造。该公司对剪刀的实际使用过程进行了仔细的功效学研究，所有的设计都建立在这些研究结果之上，以使每件产品都能安全、高效地应对具体的工作。这个方法相当成功。随后，公司得以将它的业务拓展到其他产品，如园艺工具和手斧上。这样的发展确实证实了商业成功是可以建立在符合社会价值观的设计之上的。

然而，有些设计师宣称他们本来代表的就是用户立场，这一理想化的声明明显是站不住脚的。特别是在世界上还有着那么多的基本需求没有被满足甚至被忽视的同时，一大批设计师却忙于满足富有阶级奢侈消费的需要。不过，随着发展中国家和地区的一些问题被意识到并引起关注，我们显示出的解决问题的能力虽然不强，但还是充满希望的。比如，特雷弗·拜利斯提出的“无电源发条式收音机”的概念，帮助了非洲南部的政府往电力供应缺乏的边远地区传送关于对抗艾滋病的信息。在智利，两名年轻的设计师——安赫洛·加拉伊和安德烈·乌梅雷斯——将通常被人们丢弃的电灯泡包装袋加以设计，以方便那些常使用裸灯泡照明的贫困家庭将它改装成一个灯罩使用。如果更多的公司能够将自身的利益定位在为生存确保必要的赢利，更多地关注客户和潜在客户的需要，那么，类似这样的、灵活的小规模设计方案会越来越多，继而会产生巨大的、渐增的影响。为满足当地特殊的需要，对某个具体问题所做的创造性的解决方案，常常能运用到其他许多地方，满足其他的需求。比如，拜利斯为小收音机设计的发条式动力装置现已被改装用在了手电筒上。

满足用户需要会带来大量商机，但是一个令人困扰的问题是：如果所有的基本需求逐渐被满足，全世界会不会都开始追求过度消费？随之会导致怎样的后果？在这个意义上，设计不仅仅是一种靠设计师制定方针的行为，它反映的是在持续发展的基础上，社会认可的生活质量。设计师虽不能完全解决这些问题，但能参与思考解决问题的办法。

所以，在考虑设计未来所能扮演的角色时，需要回答的主要问题是：设计师是否只是技术专家？他们是否只需要将技术出让给出价最高的投标人，而不需要考虑会产生的后果？在他们的工作范围中是否还存在一个尚待确认的社会和环境目标？即便是在发达社会，还有多少最为基本的方面被人们忽略了？比如，2000年11月美国总统大选所采用的投票表格和处理程序明显地漏掉了与选民的交流的设计。选民在投票以后，无法获得反馈信息，也无法确认投票结果，甚至没有任何纠错能力。有关解决方案的讨论一直停留在硬件设备和费用支出上。如果银行的自动柜员机在程序上也出现同样的纰漏，那会引起公众强烈的抗议。显然，对民主权利的认可远没有履行商业功能那么重要。

如果技术真的要趋于人性化，并用来造福世界上越来越多的人，我们就必须认识到日常生活中执行技术操作的各个具体层面都是由设计师设计的。这些设计所要体现的价值范围主要包括生成利润、为人们提供服务，或者协调各种生态问题。所有这一切是否都能进入某种可行的商业决算之中，这是一个非常重要的问题。

在回答这些或许多其他重要问题时，我们需要设定一个前提，那就是要始终认定设计是塑造我们生活的决定性因素。我们赖以生存的环境、我们身边的物品和信息传达的方方面面都或多或少在相当的程度上，受到了设计的影响。设计所有的表现形式不过是种种选择的结果，表面上由我们做主，但实际上，它在大部分情况下都与我们没什么关系。当我们明白了这些以后，设计的意义在当下社会才有可能发生改变。只有当我们对设计进行充分的讨论和了解，认定它对每个人都至关重要时，人类在设计方面的全部潜力才会被渐渐发掘出来。

译名对照

A

Aicher, Otl 奥托·艾克
Alessi 阿莱西公司
Alitalia 意大利航空公司
Allgemeine Elekrizitäts Gesellschaft (AEG) 通用电气公司
Amazon.com 亚马逊网
web page 网页
American Institute of Graphic Arts 美国图形研究协会
American Society of Interior Designers 美国室内设计师学会
Americans with Disabilities Act《美国残疾人法》
Andersen Consulting 安达信咨询公司
Apple 苹果电脑公司
iMac computer iMac系列电脑
Macintosh personal computer 麦金托什个人电脑
Arteluce 阿提卢斯公司
Arts and Crafts Movement 工艺美术运动
Association of Dutch Designers 荷兰设计师协会
AT&T 美国电话电报公司
ATMs (automated teller machines) 自动柜员机
Augsburg 奥格斯堡
Australian aboriginals 澳大利亚土著居民
woomera (spear-thrower) 掷枪(带钩的矛式投掷器)
automobile design 汽车设计

B

Bamford, Joe 乔·班福德
Bangkok Mass Transit System 曼谷公共交通系统公司
Bass, Saul 索尔·巴斯
Bauhaus 包豪斯建筑学派
Bayliss, Trevor 特雷弗·拜利斯
Beck, Harry 哈里·贝克
Behrens, Peter 彼得·贝伦斯
Bellini, Mario 马里奥·贝利尼
Blake, Quentin 昆廷·布莱克
Boots 博姿化妆品
Boulle, Andre Charles 安德尔·夏尔·布尔
Braun 博朗公司
travelling clock, Type AB 312 AB 312型旅行闹钟
Briggs, Raymond 雷蒙德·布里格斯
British Airways (BA) 英国航空公司
British Broadcasting Corporation (BBC) 英国广播公司
British Petroleum (BP) 英国石油公司

British Telecom 英国电信
telephone kiosks 电话亭
Burger King 汉堡王

C

Campaign for Nuclear Disarmament 反核武器运动
Canadian Airlines 加拿大航空公司
Canon 佳能公司
personal copiers 个人复印机
Carrolls Number One cigarettes “卡罗尔一号”香烟
Carrozzeria Bertone 贝尔通汽车公司
Carson, David 戴维·卡森
Caterpillar 卡特彼勒公司
Cayonu, Turkey 土耳其的恰约尼
Chadwick, Don 唐·查德威克
Aeron Chair 阿埃隆铁铝合金椅
Chartered Society of Designers 英国特许设计师协会
Christiansen, Ole Kirk 奥勒·基尔克·克里斯蒂安森
Chrysler 克莱斯勒公司
Church of Jesus Christ of the Latter Day Saints 末世圣徒教会
CNN 美国有线新闻网
Coca-Cola 可口可乐公司
Coe, Sue 苏·科
Colgate-Palmolive 高露洁—棕榄公司
Compaq 康柏电脑公司
corporate design 企业设计
corporate identity 企业形象
Costelloe cutlery 科斯特罗伊牌刀具
Council of Industrial Design 工业设计委员会
Csikszentmihalyi, Mihaly 米哈伊·奇克森特米哈伊
customization 定制
cutlery 刀具

D

Danish Design Centre 丹麦设计中心
Darkie/Darlie toothpaste 黑人牙膏
Darwin, Charles 查尔斯·达尔文
de Lucchi, Michele 米歇尔·德·卢基
De Stijl 风格派
Dell Computers 戴尔电脑公司
Deloitte & Touche 德勤会计公司
Delta 美国达美航空公司
Design Continuum 设计连续体公司
Design Council (UK) 设计委员会（英国）
design for mass-production 大规模生产设计
design processes 设计过程
designer-brands 设计师品牌
Deskey, Donald 唐纳德·德斯基
Disney, Walt 沃尔特·迪斯尼
Doesburg, Theo van 特奥·范·杜斯堡
draughtsmen 制图员
Drescher, Henrik 亨里克·德雷舍尔
Dreyfuss, Henry 亨利·德莱弗斯
Dyson, James 詹姆斯·戴森

E

Eames, Charles and Ray 查尔斯·埃姆斯和雷·埃姆斯夫妇
Ekuan, Kenji 荣久庵宪司

Electrolux 伊莱克斯公司
ERCO 欧科公司
Eriksson 爱立信公司
Ernst & Young 安永会计公司
Eskimo kayak 爱斯基摩人的皮船
European Union 欧盟

F

Faber-Castell 辉柏嘉公司
Farber, Sam 萨姆·法贝尔
FedEx 联邦快递
FIAT 菲亚特汽车公司
First World War（1914—1918）第一次世界大战（1914—1918）
Fiskars 费斯卡公司
Flaxman, John 约翰·弗拉克斯曼
flexible manufacturing 弹性制造
Flos 弗洛斯公司
Ford Motor Corporation 福特汽车公司
  corporate logo 企业徽标
  global organization 全球性组织
  Model T automobile T型车
Ford, Henry 亨利·福特
France Telecom 法国电信
Fredericia 弗雷德瑞西亚公司
Fuji 富士公司
functionalism 功能主义

G

Gale, Thomas 托马斯·盖尔
Garay, Angelo 安赫洛·加拉伊
Garda Siochanna 爱尔兰国家警察部队
General Motors 通用汽车公司
German Labour Front 德国劳动阵线
Ghia 吉亚汽车公司
Gillette 吉列公司
Giugiaro, Giorgetto 吉尔盖多·乔治亚罗
  Volkswagen Golf 大众高尔夫汽车
GK Associates GK工业设计研究所
Glaser, Milton 米尔顿·格拉泽
glassware 玻璃器皿
global design 全球设计
globalization 全球化
G-Mark competition, Japan 日本的优秀设计奖竞赛
Goizueta, Roberto 罗伯托·戈伊苏埃塔
graffiti 涂鸦
graphic design 平面设计
Graves, Michael 迈克尔·格雷夫斯
Greiman, April 阿普丽尔·格雷曼
Gropius, Walter 沃尔特·格罗皮乌斯
guilds 行会
guild houses, Brussels 布鲁塞尔的行会公所
Guinness 健力士公司

H

Herman Miller corporation 赫尔曼·米勒公司
  Aeron Chair 阿埃隆铁铝合金椅
Hermes leather goods 爱马仕皮具
Hewlett-Packard 惠普公司
Hirano & Associates 平野设计株式会社
Hirano, Takuo 平野拓夫
Hitachi 日立公司
Hitchcock, Alfred 阿尔弗雷德·希区

柯克
Hitler, Adolf 阿道夫·希特勒
Hong Kong 香港特别行政区
dual language road signage 双语路标
Mass-Transit system 公共交通系统
street advertising signs 街道广告牌
Hoover 胡佛公司
hotelling 旅馆式办公
Humeres, Andrea 安德烈·乌梅雷斯

I

IBM IBM公司，国际商用机器公司
Aptiva desk-top computer Aptiva 台式电脑
Think Pad portable computer Think Pad 手提电脑
IDEO IDEO 设计公司
IKEA 宜家家具公司
Industrial Designers Society of America 美国工业设计者协会
Industrial Revolution 工业革命
information design 信息设计
information technology 信息技术
Institute of Design, Illinois Institute of Technology 伊利诺伊理工大学的设计学院
interactive design 交互设计
interior design 室内设计
Internet 互联网
Italdesign 意大利设计公司
Ive, Jonathan 乔纳森·艾夫
Apple iMac 苹果电脑公司的iMac 系列电脑

J

J. Paul Getty Museum, Los Angeles 洛杉矶的盖蒂博物馆
Japan Industrial Design Promotion Organization (JIDPO) 日本工业设计促进组织
JCB JCB公司
Jobs, Steve 史蒂夫·乔布斯
Jordan dental sticks 乔丹牌牙棒

K

Kamprad, Ingvar 英瓦尔·坎普拉德
Kennedy, Louise 路易斯·肯尼迪
Kentucky Fried Chicken 肯德基
kitchen knives 菜刀
Kodak 柯达公司
Kohler 科勒卫浴公司
Komatsu 小松公司

L

Lancia 蓝旗亚汽车公司
Landor Associates 朗涛设计顾问公司
Landor, Walter 沃尔特·兰多尔
Le Corbusier 勒·柯布西耶
Lego 乐高
Lethaby, W.R. W. R.莱瑟比
Levitt, Theodor 西奥多·莱维特
lighting fixtures 照明设备
Lisbon Metro 里斯本的地铁系统
Loewy, Raymond 雷蒙德·洛伊
London Transport 伦敦交通公司
Underground map（1933）地铁线

路图（1933）
Louis XIV, King of France 法国国王路易十四
Lubs, Dietrich 迪特里克·吕布斯

M

Maack, Klaus-Jürgen 克劳斯－于尔根·马克
MacDonalds 麦当劳
Marzano, Stefano 斯特凡诺·马尔扎诺
mass-manufacturing 大规模制造
mass-production 大规模生产
Matsushita 松下电器公司
Maurer, Ingo 英戈·毛雷尔
medical equipment 医疗设备
Mellor, David 戴维·梅勒
mercantilism 重商主义
Mercedes 梅塞德斯公司
Metadesign 梅塔设计公司
Microsoft 微软公司
Midland Railway 中部铁路公司
Ministry of International Trade and Industry (MITI), Japan 日本的国际贸易与工业部
modernism 现代主义
modular systems 模块系统
monasteries 寺院
Morningstar 晨星公司
Morris, William 威廉·莫里斯
Motorola 摩托罗拉公司
motorway signage 高速公路上的标志
Mövenpick 莫凡彼冰淇淋

N

National Bicycle Industrial Company 国际自行车工业公司
Netherlands Design Institute 荷兰设计中心
Newell & Sorrell 纽厄尔和索雷尔公司
Nike 耐克公司
Niketown 耐克体验中心
Nokia 诺基亚
Normal School of Design 设计师范学校
North American Free Trade Area 北美自由贸易区
Noyes, Eliot 埃利奥特·诺伊斯

O

office-landscaping 办公室景观设计
Oldsmobile coupè 奥兹莫比尔的双门车
Olivetti 奥利维蒂公司
Olympic Games 奥林匹克运动会
Munich Summer Games（1972）慕尼黑夏季奥运会（1972）
Nagano Winter Games（1998）长野冬季奥运会（1998）
Salt Lake City Winter Games（2002）盐湖城冬季奥运会（2002）
Oral-B 欧乐B公司
Owen, Charles 查尔斯·欧文
Oxfam 乐施会
Oxo Good Grips 好易握公司

P

Parker Pens 派克制笔公司

Party Grill stove 派对烧烤炉
Peart, Stephen 斯蒂芬·皮尔特
Pentagram 五角设计公司
Pepsi-Cola 百事可乐公司
Philips 飞利浦公司
Pick, Frank 弗兰克·皮克
Pizza Hut 必胜客
Poggenpohl 博德宝公司
Porsche Design 波尔舍设计
Porsche, Ferdinand 费迪南德·波尔舍
Post-It notes 即时贴
post-modernism 后现代主义
Preminger, Otto 奥托·普雷明格
product semantics 产品语义学

R

railway timetables 列车时刻表
Rams, Dieter 迪特尔·拉姆斯
Rand, Paul 保罗·兰德
Rat für Formgebung 设计委员会
Rochberg-Halton, Eugene 尤金·罗奇伯-霍尔顿
Rolls-Royce 劳斯莱斯
Rolls-Royce Park Ward (2000) 劳斯莱斯银色天使 (2000)
Royal College of Art 皇家艺术学院
Ruskin, John 约翰·罗斯金
Russell, Gordon 戈登·罗素
Russian Revolution 俄国革命
Ryan Air 瑞安航空公司

S

Sapper, Richard 理查德·萨帕
Scientific Management 科学管理
Select Committee on Design and Manufacture 设计与制造特选委员会
Shiseido Cosmetics 资生堂化妆品公司
Siematic 西曼帝克公司
Siemens 西门子公司
Sloan, Alfred P. 阿尔弗雷德·P. 斯隆
Slovenia national identity 斯洛文尼亚的国家形象
smart cards 智能卡
Smart Design 斯马特设计公司
Sony 索尼公司
  Strategic Design Group 战略设计小组
  Walkman 随身听
Sottsass, Ettore Jnr. 小埃托雷·索特萨斯
standardization 标准化
Starck, Philippe 菲利普·斯塔克
Steelcase 斯蒂尔凯斯办公用品公司
strategic planning 战略规划
streamlining 流线型
Structured Planning 结构规划
Stumpf, Bill 比尔·斯顿夫
  Aeron Chair 阿埃隆铁铝合金椅
style consultants 时尚顾问
styling 风格
Sullivan, Louis 路易斯·沙利文

T

tableware 餐具
tacit knowledge 隐性知识
Tange, Kenzo 丹下健三
Taylor, Frederick W. 弗雷德里克·W. 泰勒

TBWA/Chiat/Day TBWA/Chiat/Day 广告公司
Los Angeles headquarters 位于洛杉矶的总部
Thackara, John 约翰·萨卡拉
Thatcher, Lady Margaret 玛格丽特·撒切尔夫人
Tokyo City Hall 东京市政厅
Tokyo Subway 东京地铁
tools 工具
toothpicks 牙签
Toys 'R' Us 玩具反斗城零售连锁店
Travelocity 城市旅游指南网

U

United Airlines 联合航空公司
user behaviour 用户的使用习惯
utility 实用性
utilitarian design 实用性设计

V

van der Rohe, Mies 密斯·范·德·罗厄
Varig 大河航空公司
Vent Design 文特设计公司
Vienna street trams 维也纳的有轨电车
Volkswagen Golf 大众高尔夫汽车
Volkswagen 大众汽车

W

Weather Channel, The 气象频道
Wedgwood, Josiah 乔赛亚·韦奇伍德
WGBH, Boston Public Television 波士顿WGBH公共电视台
W.H. Smith W.H.史密斯连锁书店
Whirlpool 惠而浦家用电器公司
Wienerwald restaurants 维也纳森林烤鸡餐厅
Wilkinson, Clive 克莱夫·威尔金森
World Bank 世界银行
World Pages. Com 世界黄页网
World Trade Organization 世界贸易组织

Z

Zanussi, Mario 马里奥·扎努西
Zorer, David 达维德·索赫尔

John Heskett

DESIGN

A Very Short Introduction

To Pamela

Contents

1 What is design? *143*

2 The historical evolution of design *150*

3 Utility and significance *166*

4 Objects *179*

5 Communications *197*

6 Environments *210*

7 Identities *226*

8 Systems *239*

9 Contexts *254*

10 Futures *271*

Further reading *279*

Chapter 1
What is design?

One of the most curious features of the modern world is the manner in which design has been widely transformed into something banal and inconsequential. In contrast, I want to argue that, if considered seriously and used responsibly, design should be the crucial anvil on which the human environment, in all its detail, is shaped and constructed for the betterment and delight of all.

To suggest that design is a serious matter in that sense, however, is problematic. It runs counter to widespread media coverage assigning it to a lightweight, decorative role of little consequence: fun and entertaining – possibly; useful in a marginal manner – maybe; profitable in economic sectors dominated by rapid cycles of modishness and redundancy; but of no real substance in basic questions of existence.

Not surprisingly, in the absence of widespread agreement about its significance and value, much confusion surrounds design practice. In some subject areas, authors can assume common ground with readers; in an introduction to architecture or history, for example, although the precise degree of readers' knowledge might vary substantially, a reasonably accurate concept of what constitutes the subject can be relied on. Other subjects, such as nuclear physics, can be so esoteric that no such mutual understanding exists and approaches from first principles become necessary.

Design sits uncomfortably between these two extremes. As a word it is common enough, but it is full of incongruities, has innumerable manifestations, and lacks boundaries that give clarity and definition. As a practice, design generates vast quantities of material, much of it ephemeral, only a small proportion of which has enduring quality.

Clearly, a substantial body of people exist who know something about design, or are interested in it, but little agreement will probably exist about exactly what is understood by the term. The most obvious reference point is fields such as fashion, interiors, packaging, or cars, in which concepts of form and style are transient and highly variable, dependent upon levels of individual taste in the absence of any fixed canons. These do indeed constitute a significant part of contemporary design practice, and are the subject of much commentary and a substantial proportion of advertising expenditure. Other points of emphasis might be on technical practice, or on the crafts. Although substantial, however, these are all facets of an underlying totality, and the parts should not be mistaken for the whole.

So how can design be understood in a meaningful, holistic sense? Beyond all the confusion created by the froth and bubble of advertising and publicity, beyond the visual pyrotechnics of virtuoso designers seeking stardom, beyond the pronouncements of design gurus and the snake-oil salesmen of lifestyles, lies a simple truth. Design is one of the basic characteristics of what it is to be human, and an essential determinant of the quality of human life. It affects everyone in every detail of every aspect of what they do throughout each day. As such, it matters profoundly. Very few aspects of the material environment are incapable of improvement in some significant way by greater attention being paid to their design. Inadequate lighting, machines that are not user-friendly, badly formatted information, are just a few examples of bad design that create cumulative problems and tensions. It is therefore worth asking: if these things are a necessary part of our existence, why are they often done so badly? There is no simple answer. Cost factors are sometimes advanced in justification, but the margin between doing something well or badly can be exceedingly small, and cost factors can in fact be reduced by appropriate design inputs. The use of the term 'appropriate', however, is an important qualification. The spectrum of capabilities covered by the term 'design' requires that means be carefully adapted to ends. A solution to a practical problem which ignores all aspects of its use can be disastrous, as would, say, medical equipment if it were treated as a vehicle for individual expression of fashionable imagery.

This book is based on a belief that design matters profoundly to us all in innumerable ways and represents an area of huge, underutilized potential in life. It sets out to explore some reasons why this is so and to suggest some possibilities of change. The intention is not to negate any aspect of the spectrum of activity covered by the term 'design', but to extend the spectrum of what is understood by the term; examine the breadth of design practice as it affects everyday life in a diversity of cultures. To do so, however, some ground clearing is necessary to cut through the confusion surrounding the subject.

Discussion of design is complicated by an initial problem presented by the word itself. 'Design' has so many levels of meaning that it is itself a source of confusion. It is rather like the word 'love', the meaning of which radically shifts dependent upon who is using it, to whom it is applied, and in what context. Consider, for example, the shifts of meaning when using the word 'design' in English, illustrated by a seemingly nonsensical sentence:

> 'Design is to design a design to produce a design.'

Yet every use of the word is grammatically correct. The first is a noun indicating a general concept of a field as a whole, as in: 'Design is important to the national economy'. The second is a verb, indicating action or process: 'She is commissioned to design a new kitchen blender'. The third is also a noun, meaning a concept or proposal: 'The design was presented to the client for approval'. The final use is again a noun, indicating a finished product of some kind, the concept made actual: 'The new VW Beetle revives a classic design.'

Further confusion is caused by the wide spectrum of design practice and terminology. Consider, for example, the range of practice included under the rubric of design – to name just a few: craft design, industrial art, commercial art, engineering design, product design, graphic design, fashion design, and interactive design. In a weekly series called 'Designer Ireland' in its Irish Culture section, the Sunday Times of London publishes a brief, well-written analysis of a specific aspect of design. In a six-week period, during August and September 2000, the succession of subjects was: the insignia of the Garda Siochanna, the Irish national police; Louise Kennedy, a fashion designer; the Party Grill stove for outdoor cooking; the packaging for Carrolls Number One, a brand of cigarettes; Costelloe cutlery; and the corporate identity of Ryan Air, a low-cost airline. The range of subjects addressed in the whole series is even more bewildering in its diversity.

To that list can be added activities that appropriate the word 'design' to create an aura of competence, as in: hair design, nail design, floral design, and even funeral design. Why not hair engineering, or funeral architecture? Part of the reason why design can be used in this arbitrary manner is that it has never cohered into a unified profession, such as law, medicine, or architecture, where a licence or similar qualification is required to practise, with standards established and protected by self-regulating institutions, and use of the professional descriptor limited to those who have gained admittance through regulated procedures. Instead, design has splintered into ever-greater subdivisions of practice without any overarching concept or organization, and so can be appropriated by anyone.

Discussion of design on a level that seeks a pattern in such confusion leads in two directions: first, defining generic patterns of activity underlying the proliferation, in order to establish some sense of structure and meaning; secondly, tracing these patterns through history to understand how and why the present confusion exists.

To address the first point: design, stripped to its essence, can be defined as the human capacity to shape and make our environment in ways without precedent in nature, to serve our needs and give meaning to our lives.

Understanding the scale and extent of this capacity can be tested by observing the environment in which anyone may be reading these lines – it might be while browsing in a bookstore, at home, in a library, in an office, on a train, and so on. The odds are that almost nothing in that environment will be completely natural – even plants will have been shaped and positioned by human intervention and, indeed, their genus may even be a considerable modification of natural forms. The capacity to shape our world has now reached such a pitch that few aspects of the planet are left in pristine condition, and, on a detailed level, life is entirely conditioned by designed outcomes of one kind or another.

It is perhaps a statement of the obvious, but worth emphasizing, that the forms or structures of the immediate world we inhabit are overwhelmingly the outcome of human design. They are not inevitable or immutable and are open to examination and discussion. Whether executed well or badly (on whatever basis this is judged,) designs are not determined by technological processes, social structures, or economic systems, or any other objective source. They result from the decisions and choices of human beings. While the influence of context and circumstance may be considerable, the human factor is present in decisions taken at all levels in design practice.

With choice comes responsibility. Choice implies alternatives in how ends can be achieved, for what purposes, and for whose advantage. It means that design is not only about initial decisions or concepts by designers, but also about how these are implemented and by what means we can evaluate their effect or benefit.

The capacity to design, in short, is in innumerable ways at the very core of our existence as a species. No other creatures on the planet have this same capacity. It enables us to construct our habitat in unique ways, without which we would be unable to distinguish civilization from nature. Design matters because, together with language, it is a defining characteristic of what it is to be human, which puts it on a level far beyond the trivial.

This basic capacity can, of course, be manifested in a huge diversity of ways, some of which have become specialized activities in their own right, such as architecture, civil engineering, landscape architecture, and fashion design. To give some focus in a short volume, the emphasis here will be on the two- and three-dimensional aspects of everyday life – in other words, the objects, communications, environments, and systems that surround people at home and at work, at leisure and at prayer, on the streets, in public spaces, and when travelling. Even within this focus, the range is still huge and we need only examine a limited range of examples, rather than attempting a compressed coverage of the whole.

If this human capacity for design is manifested in so many ways, how can we understand this diversity? This brings us back to the second point mentioned above: design's historical development. Design is sometimes explained as a subdivision of art historical narratives emphasizing a neat chronological succession of movements and styles, with new manifestations replacing what went before. The history of design, however, can be described more appropriately as a process of layering, in which new developments are added over time to what already exists. This layering, moreover, is not just a process of accumulation or aggregation, but a dynamic interaction in which each new innovative stage changes the role, significance, and function of what survives. For example, innumerable crafts around the world have been widely displaced by industrial manufactures from their central role in cultures and economies, but have also found new roles, such as providing goods for the tourist trade or supplying the particular global market segment known as Arts and Crafts. Rapid developments in computers and information technology are not only creating exciting new possibilities in interactive design, but are also transforming the ways in which products and services are conceived and produced, in ways that supplement, rather than replace, the old.

Neither is it possible to describe a process with an essential pattern followed everywhere. There are significant variations in how the process of change occurs in different societies and also in the specific consequences change entails. Whatever the exact details, however, there is a widespread pattern for what existed before to continue in some form. It is this that helps explain much of the dense and complex texture of design, and the varied modes of practice under the rubric that confront us today. To ancient crafts and forms that survive and adapt are continually added new competencies and applications. A great deal of confusion in understanding design, therefore, stems from this pattern of historical evolution. What is confusing, however, can also be regarded as a rich and adaptable resource, provided that a framework exists enabling the diversity to be comprehended. A brief outline of the historical development of designing – that is, the practice and activity of creating forms – is therefore necessary.

Chapter 2
The historical evolution of design

There has been change and evolution on multiple levels throughout the history of mankind, but human nature has remained remarkably unaltered. We are much the same kind of people who inhabited ancient China, Sumeria, or Egypt. It is easy for us to identify with human dilemmas represented in widely different sources, such as Greek tragedy or Norse sagas.

The evidence too is that the human capacity to design has remained constant, although its means and methods have altered, parallel to technological, organizational, and cultural changes. The argument here, therefore, is that design, although a unique and unchanging human capability, has manifested itself in a variety of ways through history.

Any brief description of such a diverse spectrum of practice must inevitably be an outline, using broad brushstrokes and avoiding becoming enmeshed in detail, with the intention of indicating major changes that have occurred in order to understand the resultant complexity existing today.

An initial problem in delving into the origins of the human capacity to design is the difficulty in determining exactly where and when human beings first began to change their environment to a significant degree – it engenders continual debate that shifts with each major archaeological discovery. It is clear, however, that in this process a crucial instrument was the human hand, which is a remarkably flexible and versatile limb, capable of varying configurations and functions. It can push, or pull, exerting power with considerable strength or fine control; among its capabilities, it can grasp, cup, clench, knead, press, pat, chop, poke, punch, claw, or stroke, and so on. In their origins, tools were undoubtedly extensions of these functions of the hand, increasing their power, delicacy, and subtlety.

From a broad range of early cultures, extending back to about a million years, natural objects began to be used as tools and implements to supplement or enhance the capacities of the hand. For example, the hand is capable of clawing soil to dig out an edible root, but a digging stick or clam shell is also capable of being grasped to do the job more easily, in a sustainable manner, reducing damage to fingers and nails. The task is made easier still if a shell is lashed with hide or fibre at a right angle to the end of a stick, to make a simple hoe. It can then be used more effectively in wider circles from an erect working position. Similarly, the hand can be cupped in order to drink water, but a deep shell forms the same shape permanently and more effectively to function without leakage as a dipper. Even at this level, the process of adaptation involves the capacity of the human brain to understand the relationship between forms and functions.

In these, and innumerable other ways, the natural world provided a diverse source of available, pre-existing materials and models, full of potential for adaptation to the solution of problems. Once adapted, however, a further problem emerged, such as how to make a hoe more durable, less fragile, and less liable to fracture than a seashell. Another dimension set in, beyond simply adapting what was available in ready-made form – that of transforming natural materials into forms without precedent in nature.

Another feature of much early innovation was the adaptation of techniques, forms, and patterns to new purposes and applications. An example was seen in the discovery in 1993 at an archaeological dig at Cayonu, a prehistoric agricultural village site in southern Turkey, of what is believed to be the oldest textile fragment extant, dating from around 7000 BC. The fragment was of linen cloth woven from domesticated flax, and the weave was clearly an adaptation of pre-existing basket-weaving techniques.

Other continuities are also clearly evident. Frequently, natural forms continued to be the ideal model for a particular purpose, with early artefacts made from metal or clay often shaped in forms identical to the natural models from which they originated, such as dippers being made of metal in the form of conch shells.

Humans, from earliest times, have created stereotypes of forms, fixed concepts of what forms are appropriate for particular purposes, as a counterpoint to their contrasting capacity for innovation. Indeed, forms frequently became so closely adapted to the needs of societies that they became interwoven with a way of life, an integral element of its traditions. In circumstances where life was precarious and people were highly vulnerable, the accumulated experience embodied in and represented by such forms was not lightly abandoned.

Nevertheless, over time, forms were adapted by intent or by accident, became refined, or were transformed by new technological possibilities, and new stereotypes would emerge to be adopted as a standard. These in turn would be adapted to specific local circumstances. In West Greenland, for example, each major Eskimo settlement had different versions of sea-going kayaks.

Emphasizing manual dexterity as a dominant feature of the crafts tends to underestimate two other developments crucial to enhancing human ability to transform an environment. Each

1. Greenland Eskimo kayak

represents a capacity to reach beyond innate human limitations. One was harnessing natural forces, the superior physical strength of animals and resources such as wind and water, to provide a supplemental level of power greater than the human body, and selecting superior strains of plants and animals for cultivation to provide greater yields. This required a process of enquiry and the accumulation of knowledge and understanding that could be applied to processes of improvement, in which writing and visual representation played a crucial role.

Linked to this, and, in the long run, of increasing significance, was the ability to move beyond an accumulation of pragmatic experience into the realm of ideas as abstractions, with the evolution of tools moving beyond their origins in nature, to forms that were totally new and uniquely human in origin. Abstraction enables capacities to be separated from specific problems, to be generalized, and flexibly adapted to other problems.

Perhaps the greatest example of abstraction is language. Words have no innate meaning in themselves and are arbitrary in their application. For example, the words house, maison, and casa, in English, French, and Italian respectively, all refer to the same physical reality of a human dwelling and take on meaning only by tacit agreement within their society. The capacity to abstract into language, above all, allows ideas, knowledge, processes, and values to be accumulated, preserved, and transmitted to subsequent generations. It is also an integral element in understanding any process of making. In other words, mental skills and thought processes – the ability to use 'mind tools', which represent and articulate concepts of what might be – are as essential in any productive process as the physical skills of the hand and its tools, such as hammer, axe, or chisel.

In terms of design, abstraction has also led to inventions that are purely cultural, with no reference point in human physical form or motor skills, or in nature. Many concepts of geometric form probably derived from accumulated experience in practical work, before being codified and, in turn, fed back into other applications. The evolution of spear-throwers, such as the woomera of Australian aborigines, represents such an abstraction. It gave much greater power and accuracy in hunting and must have evolved in a long process of trial and error. The form of the wheel, however, has no immediately discernible precedent – human limbs cannot rotate upon their own axis and possible stimuli in nature are rare. The concept of infinite rotation is therefore an innovation without precedent. In other words, objects are not just expressions of a solution to a particular problem at any point in time, but can extend much further, into embodying ideas about how life can be lived in a dynamic process of innovation and refinement beyond the constraints of time and place.

Therefore, neither the hand alone, nor the hand allied to the other human senses, can be viewed as the source of design capability. Instead it is the hand allied to the senses and the mind that forms the coordinated trinity of powers by which human beings have

2. Simple weapons embodying technical sophistication: the Australian aboriginal woomera.

asserted ever-greater control over the world. From the origins of human life, flexibility and adaptation resulted in a proliferation of means and ends, with individuals and societies adapting forms and processes to specific needs and circumstances.

Early human societies were nomadic, based on hunting and gathering, and, in a shifting pattern of life in search of new sources of food, qualities such as lightness, portability, and adaptability were dominant criteria. With the evolution of more settled rural societies based on agriculture, other characteristics, other traditions of form appropriate to the new patterns of life, rapidly emerged. It must be emphasized, however, that tradition was not static, but constantly subject to minute variations appropriate to people and their circumstances. Although traditional forms encapsulated the experience of social groups, specific manifestations could be adapted in various minute and subtle ways to suit individual users' needs. A scythe or a chair could keep its basic, accepted characteristics while still being closely shaped in detail to the physique and proportions of a specific person. This basic principle of customization allowed a constant stream of incremental modifications to be introduced, which, if demonstrated by experience to be advantageous, could be integrated back into the mainstream of tradition.

The emergence of agricultural societies living a fixed pattern of life was also capable of supporting concentrations of populations, allowing a greater degree of specialization in crafts. In many cultures, monasteries were founded that not only emphasized meditation and prayer, but also had more practical members who had considerable freedom to experiment and were often at the forefront of technological innovation.

More widespread were concentrations of population in urban communities, where more specialized, highly skilled craftsmen were attracted by the demand for luxuries created by accumulations of wealth. A frequent consequence was the emergence of associations of skilled craftsmen, in guilds and similar organizations, which, for example, already existed in Indian cities around 600 BC. Social and economic stability in an uncertain world was generally the main aim of guilds, whatever their variations across cultures. A widespread function was the maintenance of standards of work and conduct, and, in the levels of control some of them exerted, they prefigured the characteristics of many modern professional associations and represented an early form of licensing designers.

Guilds could often grow in status and wealth to exert enormous influence over the communities in which they were located. During the Renaissance, for example, Augsburg in southern Germany was famous for the exquisite skills of the gold- and silversmiths who were a major force in city life, with one of their number, David Zorer, becoming mayor in the early 1600s.

Ultimately, however, the influence and control of the guilds were undermined from several directions. Where trade between distant

3. Craft, wealth, and status: Guild houses, Grand Palace, Brussels

centres began to open up, it was entrepreneurial middlemen, taking enormous risks in pursuit of equally enormous profits, who began to dominate production. Industries based on handwork, often using surplus labour in rural areas, undercut guild standards and placed control of forms in the hands of entrepreneurs. In China, the ceramic kilns of Jingdezhen produced huge quantities of porcelain for export to India, Persia, and Arabia, and, from the sixteenth century onwards, to Europe. With distances opening up between maker and market, concepts had to be represented before being produced. Drawings and models sent to China from Europe specified forms and decorations to be shipped for particular markets or customers. With the diffusion of the printing press in late-fifteenth-century Europe, the circulation of drawings and prints allowed concepts of form to have wide currency. Individual designers published folios of drawings for forms and decoration that enabled practitioners to break with guild control of what could be produced and adapt a wide repertory of images for product concepts.

Efforts by governments to control and use design for its own purposes also reduced the power of guilds. In the early seventeenth century, the French monarchy used privileged status and luxurious facilities to attract the finest craftsmen to Paris in order to establish international dominance in the production and trade of luxury goods. Laws were introduced to promote exports and restrict imports. Craftsmen became highly privileged and often very wealthy in catering for the aristocratic market, and in the process were freed by monarchs from guild restrictions.

The most sweeping changes, however, came with the onset of industrialization in the mid-eighteenth century. The sheer scale of products generated by mechanized processes created a dilemma for producers. Craftsmen were generally unable or unwilling to adapt to the demands of industry. In addition, new sources of form had to be found to entice potential purchasers in the markets that were opening, especially for middle-class customers who represented the

4. Elegance as display: commode attributed to André Charles Boulle, Paris, *c.* 1710.

new wealth of the age. With competition becoming fiercer as more producers with greater capacity entered markets, and with varying tastes in fashion being necessary to pique the taste of customers, a flow of new ideas was required. Academically trained artists, as the only people trained in drawing, were increasingly commissioned by manufacturers to generate concepts of form and decoration in prevailing taste. The English painter, John Flaxman, worked on several such projects for Josiah Wedgwood's ceramic manufactory.

However, artists had little or no idea of how aesthetic concepts could be converted into products, and new circumstances, as ever, demanded the evolution of new skills. On one level, manufacturing required a completely new breed of engineering designers, who took the craft knowledge of clock- and instrument- making and rapidly extended it to solve technical problems involved in building machines to ensure their basic functionality – building steam-engine cylinders to finer tolerances, for example, yielding greater pressure and power.

Where matters of form were concerned, two new groups emerged as influential. The first functioned on the basis of constantly seeking out new concepts that would be acceptable in markets, who were later to become known as style consultants. The second was a new generation of draughtsmen who became the design workhorses of the first industrial age. Working in factories to directions from style consultants, or from entrepreneurs or engineers, or using artists' drawings or pattern books, draughtsmen increasingly provided the necessary drawing skills for production specifications. Often, they were responsible for generating concepts of forms, based predominantly on copying historical styles or the products of successful competitors.

This specialization of function was a further stage in the separation between how product concepts or plans were generated and their actual production. Creating forms without understanding the context of manufacture, however, increasingly resulted in the separation of decorative concerns from function in many household wares, which led to a deep reaction against what many saw as the debasement of art, taste, and creativity by the excesses of industry. In Britain, the cradle of the Industrial Revolution, figures such as John Ruskin and William Morris established a critique of industrial society that had a profound effect in many countries. Their influence culminated in late-nineteenth-century Britain, with the establishment of the Arts and Crafts Movement, which promulgated the role of the craftsman-designer as a means of reviving a lost unity of design practice and social standards. The outbreak of the First World War in 1914, however, was such a bitter reminder of the savage power unleashed by modern industry that nostalgic images of a romanticized medieval idyll appeared increasingly indulgent.

5. Functional simplicity: lidded jug by Christopher Dresser, Sheffield, 1885.

Nevertheless, a belief in asserting the power of art over industry continued – a concept that many idealistic artists hoped to realize in the aftermath of the Russian Revolution of 1917, using art through the medium of industry, as a means of transforming Soviet society. The idea also had a powerful role in the doctrines of the Bauhaus, a school founded in post-First World War Germany to address the problems of how society could and should be changed by harnessing mechanical production to spread the power of art throughout all levels of society. As an ideal, it resonated in the consciousness of generations of twentieth-century designers educated in the tenets of the Bauhaus, but the captains of industry were not ready to abandon their authority. The ideal of the artist-designer remains a significant element of modern design approaches, with virtuoso designers such as Michael Graves or Philippe Starck attracting wide attention. However, the ideal of the artist-designer as change-master of modern society has been little realized in practice.

If Europe stimulated a profound body of design theory that stressed the role of art and craft, in the United States, a new scale of industrial technology and organization evolved by the 1920s and profoundly changed design practices. Through mass production based on huge capital investments, giant businesses generated a wave of innovative products that fundamentally changed every aspect of life and culture in America, with reverberations across the globe. To stimulate markets, products needed to be changed constantly, with mass advertising campaigns exhorting consumers to buy with abandon.

A key example is the automobile, which was first developed in Europe as a custom-built plaything for the wealthy, but which with Henry Ford's Model T, first produced in 1907, became accessible to the masses at ever-decreasing cost. Ford, following the logic of mass production, believed his single model was appropriate to all needs. All that was necessary was to produce it more cheaply in ever-greater quantities. In contrast, Alfred P. Sloan, who became President of General Motors, believed new production methods

6. Styling becomes mainstream: 1936 Oldsmobile convertible

must adapt to different market levels. In 1924 he introduced a policy to reconcile mass manufacture of automobiles with variety in product. By using basic components across several lines, it was possible to give products a different surface appearance to appeal to different market segments. The outcome was the emergence of designers as stylists, specialists in generating visual forms that above all had to be visibly differentiated from those of competitors.

Some leading designers, however, such as Henry Dreyfuss, began to evolve a concept of their role encompassing a vision of social improvement by working in concert with industry. After the Second World War, designers extended their expertise beyond concerns with form and began to address problems of more fundamental importance to clients' businesses. Donald Deskey, who came from a background as furniture designer to head a large New York-based consultancy specializing in branding and packaging, and even an arch-stylist such as Raymond Loewy, argued that declining American manufacturing quality disillusioned purchasers who, after being attracted by external style, found products unsatisfactory in use. They expressed concern about the decline of design awareness in American firms that preferred echoing competitors' products. As an alternative, they advocated design as a high-level strategic planning activity vital to the competitive future of corporations.

Awareness of change was generated by the American market becoming a competitive arena for products from around the world from the 1960s onwards. Large segments of American industry were subsequently decimated by imports from countries like Japan and Germany, where greater attention to production quality and a more holistic approach to design were the norm.

Yet these design approaches, so successful for a time, are also being superseded. Change is evident on many levels. By the 1980s, there began a sharp turn away from the geometrical simplicities of modernism, in a trend generally grouped under the title of postmodernism. This essentially and accurately describes what it is not, rather than what it is, since its main characteristic is an eclectic plethora of frequently arbitrary forms bearing no relation to utility. Much of this is justified by the concept of product semantics, drawing heavily on linguistic theory of signs and meanings. In other words, the meaning of a design is asserted to be more important than any practical purpose, although, since meaning bears little relation to any values, other than the personal inclinations of designers, confusion can ensue.

Another important trend is the effect of new technologies, such as information technology and flexible manufacturing, opening up possibilities of customized products designed in detail for small niche markets. In response, some designers are pioneering new approaches, evolving methodologies that base products on user behaviour, linking hardware and software, and working as strategic planners in the design of complex systems. Interactive design for electronic media is also confronting new problems of enabling users to navigate large and complex bodies of information. Such work is vital in interpreting new technology for potential users.

These changes are part of a repetitive historical pattern. As described earlier, the evolution of a new stage in design does not entirely replace what has gone before, but, instead, is layered over the old. This has been a recurrent pattern throughout the history of design. It not only helps explain why there is such a diversity of concepts and practices about what constitutes design in contemporary society, but also raises a question about the extent to which similar changes will confront us in the future. Exactly what will transpire is uncertain, but the signs are unmistakable – new technologies, new markets, new forms of business organization are fundamentally altering our world, and, without doubt, new design ideas and practices will be required to meet new circumstances. The greatest degree of uncertainty, however, revolves around the question: whose interests will they serve?

Chapter 3
Utility and significance

Although design in all its manifestations profoundly influences life on many levels, it does so in diverse ways. Again, it is necessary to find some bedrock of basic explanation in order to create a sense of order from the apparent confusion. A useful tool to this end is a distinction between utility and significance, which is an attempt to clarify the enormous confusion in discussion of design surrounding the term 'function'.

In 1896, in an essay entitled 'Tall Office Building Artistically Considered', the American architect Louis Sullivan wrote: 'It is the pervading law of all things organic, and inorganic, of all things physical and metaphysical, of all things human and all things super-human, of all true manifestations of the head, of the heart, of the soul, that life is recognisable in its expression, that form ever follows function. This is the law.'

These ideas were heavily conditioned by Darwin's theory of evolution with its emphasis on the survival of the fittest. By the late nineteenth century, ideas that the forms of fish or birds had evolved in response to their elements and that animals and plants were closely adapted to their environment were commonplace. In that context, it could be argued, form must indeed follow function, to the extent that the stripes of a zebra or the brilliant plumage of a parrot have a distinct purpose in the immutable laws of survival. Similarly,

Sullivan's concept of function encompassed the use of decoration as an integral element in design.

Sullivan's concept became encapsulated in the dictum 'Form follows function', and became part of the vocabulary of design, although it underwent something of a transformation in the process. Function in design became widely interpreted in terms of practical utility, with the conclusion that how something is made and its intended use should inevitably be expressed in the form. This omitted the role of decoration and how patterns of meaning can be expressed through or attached to forms. In this respect, it is possible to speak of an alternative dictum: 'Form follows fiction'. In other words, in contrast to the world of nature, human life is frequently inspired and motivated by dreams and aspirations rather than just practicality.

As a consequence, the concept of function has been one of the most hotly disputed terms in design. In the early twentieth century, a broad body of ideas, generally grouped under the umbrella term 'functionalism', articulated design concepts that rejected the florid decoration so typical of the nineteenth century. This could mean several things. For some designers, such as Peter Behrens, who was active in Germany in the early years of the twentieth century, classical architecture and design were a source of inspiration. Stripped of decoration, these could yield forms that were clean and geometrical, qualities considered desirable in contrast to the heady repertoire of styles typical of the nineteenth century that had been adopted indiscriminately from every canon and culture of history. In like manner, traditional forms could similarly be simplified and refined, as in the work of W. R. Lethaby and Gordon Russell, contemporaries of Behrens, and heirs to the English Arts and Crafts tradition. Both tendencies could simultaneously claim to be contemporary while still retaining continuity through references to the past.

Another more radical tendency that totally rejected the past was articulated after the First World War in Europe. It was primarily associated with such figures as Theo van Doesburg, a Dutch theorist and leading member of the De Stijl group, Walter Gropius, the head of the Bauhaus school in Germany, and Le Corbusier in France. They evolved a repertoire of abstract geometric forms that in theory claimed to be the most suitable for the processes of standardized industrial production. Mass-manufacturing techniques, however, were equally capable of turning out complex, decorated forms, and indeed, in production terms, decoration could be advantageous. In the manufacture of plastic casings for radios in the 1930s, for example, heavy presses were used that made it difficult to produce a simple box-like shape. The problem was that, in the pressing, 'flow-lines' could appear as a consequence of the intense pressure applied, which marred large, plain surfaces. It was, therefore, better to use some means of breaking up large planes, by, for example, introducing steps into surfaces, or treatments such as stippling or hatching. The claim for clean, geometric form was in fact more significant as an ideology of the role of design in industrial society, rather than reflecting any innate characteristics of production methods. Instead of geometric form being the most suitable in practical terms, it was instead a powerful metaphor of what form in a mechanized age should ideally be. In this it was only one of several concepts that emerged – similar claims could be made with equal validity for the concept of streamlining, with its organic tear-drop curves and speed lines.

In place of dogmatic assertions that limit consideration of what form is considered permissible, a more inclusive definition of function is needed, which can be opened up by breaking the concept of function into a twofold division: the key concepts of utility and significance.

Utility can be defined as the quality of appropriateness in use. This means it is concerned with how things work, of the degree to which designs serve practical purposes and provide affordances or capabilities (and the consequences when they do not). A simple example is a professional kitchen knife used to prepare food: its primary utility value is as a cutting tool. In order for it to work effectively, the blade needs to possess material qualities enabling a sharp edge to be maintained and for it to remain stable in use. (A blade that is too thin will wobble when pressure is applied, which not only is inefficient but can be highly dangerous.) The processes of use also require that the knife handle fits comfortably in the hand, providing a good, firm grip. On this level, utility is concerned primarily with efficiency, derived from technological and material factors. However, in use, such efficiency can also be a source of great pleasure. When all the detailed aspects are well integrated, the best kitchen knives become an extension of the senses, with a satisfying sense of rightness, fitting into the hand almost inevitably and giving a fine degree of balance and control. In such terms, efficiency moves into a different level of response and meaning, and, indeed, it is sometimes very difficult to separate utility and significance precisely, since in practice they can be closely interwoven.

Significance, as a concept in design, explains how forms assume meaning in the ways they are used, or the roles and meaning assigned them, often becoming powerful symbols or icons in patterns of habit and ritual. In contrast to the emphasis on efficiency, significance has more to do with expression and meaning. Two simple examples of wooden toothpicks (and few forms are more basic) can illustrate the distinction between utility and significance, and also the ways in which they frequently overlap.

The first toothpick – or dental stick, as it is marketed – is produced by a Norwegian company, Jordan, a specialist in dental products. Under two inches long, it has a highly effective wedge form for the task of cleaning both teeth and gums, not only after a meal, but as part of an ongoing oral hygiene programme. This tiny object encapsulates a high degree of utility that is carefully designed in great detail for its intended task.

The second example is a traditional Japanese toothpick. Circular in form and longer by half an inch than the Jordan example, it has only one end sharpened. The other is a bevelled cone, below which are turned incisions around the shaft. The pointed end is clearly concerned with the primary utility of the object, that of removing food caught between teeth, and at first sight the other end might appear to be purely decorative, its form having no readily discernible purpose. An explanation for this form, however, can be found in traditional patterns of dining in Japanese society. This became an expression of sensibility and refinement, with diners kneeling on tatami mats at lacquered tables. The vessels and artefacts used were frequently works of art in their own right, and none more so than the table, which could have exquisite patterns inlaid or painted on its lacquered surface. Laying chopsticks on such fine surfaces while eating was considered indelicate and so chopstick rests (another combination of utility and significance) evolved, enabling chopsticks to be laid down without the part that had been in the mouth coming into contact with the table surface. With the toothpicks, however, the solution was built in. The turned incisions of the toothpick enabled one end to be easily broken off, which could then serve as a rest for the pointed end after use. It demonstrates how even the smallest utilitarian objects are capable of simultaneously embodying values.

It is possible to find designs of many kinds defined solely in terms of utility or significance. Many examples of the former are products related to the performance of professional services, tools with highly specific purposes, such as a hand saw or a lathe, or medical equipment, such as an ultrasound machine. Where information has to perform a highly specific task, as in a railway timetable, the layout and type forms should be clean, simple, and directed wholly to imparting essential facts. A primary condition of utilitarian design is that it must effectively execute or support certain tasks. In contrast, a piece of jewellery, a porcelain figurine, or a frame for a family photograph has no such specific purpose – instead their purpose can be described in terms of contemplative pleasure or

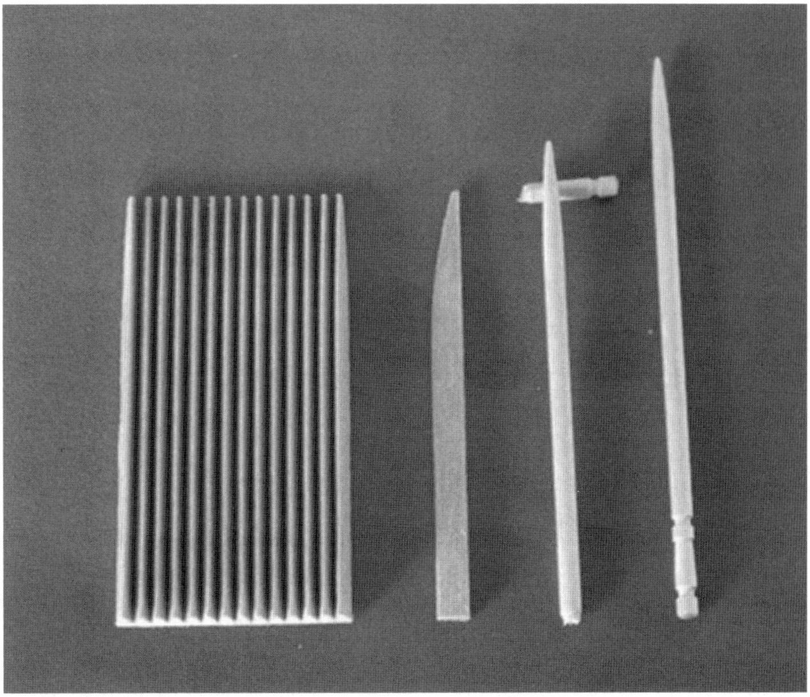

7. **Toothpicks**

adornment. Whether their meaning stems from the social taste of a particular fashion or age, or an intensely personal evocation of relationship and meaning, their significance is intrinsic and not dependent upon any specific affordance.

In addition, between the poles where utility and significance can be clearly identified as the dominant characteristic, there are innumerable products that unite efficiency and expression in an astonishing range of combinations. A lighting fixture can be on one level a utilitarian means of illumination, but at the same time expressive in sculptural form of a highly individualistic, even idiosyncratic, nature. Tableware, cutlery, and glassware serve specific purposes while dining, but again can be manifested in a huge variety of forms, often with complex decorative patterns. Perhaps the classic example of our age is the automobile, which, besides having the very utilitarian task of carrying people and

8. The symbol of achievement: Rolls-Royce Park Ward 2000

luggage from place to place, has from its early years been an extension of ego and personal lifestyle. Rolls-Royce automobiles, for example, are not only superb examples of technical craftsmanship, but are a symbol of achievement in societies around the globe.

The significance of objects, the precise values imputed to them, however, will often vary considerably between different cultures. In the example of the Japanese toothpick given above, it is important to acknowledge the particular associations with sophisticated courtesy as an expression of Japanese culture. This raises important questions of how cultures evolve patterns of behaviour that become codified as rules or norms, with different cultures expressing values in their own specific way.

Meaning is not necessarily permanently fixed, however, since the significance of products can vary over time and space. A classic example was the Volkswagen Beetle, developed in 1930s Germany on the direct orders of Adolf Hitler, himself a motoring enthusiast. With production of the first prototypes in 1937, by the 'Strength through Joy' section of the German Labour Front, the official workers' organization, it was promoted as an icon of the achievements of the Nazi Party. When production recommenced on a large scale after the Second World War, the VW was successfully exported to the United States in the 1950s and became a cult object. The design was virtually identical across this period of time, but the significance of the product underwent a remarkable transformation: from an icon of fascism in the 1930s – the 'Strength through Joy car' – to the loveable 'Bug' and hero of Walt Disney's Herbie films in 1960s America. The transformation went further with the redesigned Beetle that appeared in 1997, which also rapidly acquired cult status in the United States.

Basically, concepts of culture can be divided into two broad categories: first, the idea of culture as cultivation, resulting in the acquisition of ideas or faculties expressed in certain styles or behaviour believed to have particular value. A certain hierarchy is involved, in that a concert of classical music is considered more significant than a rock concert, or a piece of sculpture more than a work of industrial design. To some extent, design has begun to be drawn into this sphere, as evident by the number of art museums that have developed collections and held major exhibitions of design. Incorporating design into concepts of exclusivity, often under the term 'decorative art', however, has often more to do with museums' search for contemporary justification than with understanding the role of design in modern life.

The second major concept of culture, and the one underlying this book, is based on a more generalized view of culture as the shared values of a community. In this sense, culture is the distinctive way of life of social groups – the learned behaviour patterns expressed through such aspects, as values, communications, organizations, and artefacts. It encompasses the fabric of everyday life and how it is lived in all its aspects and allows consideration of a broader range of design and its role in people's lives. It has the virtue of including more elite definitions, but as part of a broader range of discussion.

The influence of cultural values, as manifested in interpretations and meanings of designed objects, is felt at many levels. In the past, and continuing to some extent, very different objects for broadly similar functions evolved around the world, resulting in great diversity. If one examines, for example, how food is prepared, in China it is still widely cooked in a wok, compared to a range of specialized pans used in European kitchens. The food prepared in the former is eaten with chopsticks, the latter with an array of often very specialized cutlery. In these and innumerable other ways, the specific forms are the expressions of particular cultural contexts, habits, and values that have evolved in their particularity over time.

Two main levels of difficulty occur in confronting the specific characteristics of time and place. The first arises from the need to conform to existing cultural patterns, to integrate or assimilate in ways that cause no disruption or offence. The second involves navigating unavoidable changes in such patterns, which becomes infinitely more complex.

Problems seem to be fewer and of lesser intensity if products are simple and utilitarian, which minimizes the possibility of cultural conflict. World markets for a vast array of luxury products, such as Hermes leather goods, that are inherently simple even though expensive can be treated in an undifferentiated manner.

The consequences of not acknowledging the power of cultural diversity can be surprising. In the early 1980s a Harvard marketing expert, Theodor Levitt, achieved considerable prominence with his ideas on globalization, among which he argued that differences were lessening and standard products across the globe were the marketing tools of the future. It was perhaps coincidence, but, at the same time, the management of the appliance manufacturer Electrolux became convinced that Europe should become a single market for refrigerator/freezer units, like the USA, where a few large manufacturers make a limited range of designs. A policy introduced in 1983 to push towards this end proved costly, however, as the divergent cultures of Europe intransigently failed to follow the American pattern. In Northern Europe, for example, people shop weekly and need equal freezer and refrigerator space. Southern Europeans still tend to shop daily in small local markets and need smaller units. The British eat more frozen vegetables than elsewhere in the world and need 60 per cent freezer space. Some want the freezer on top, some on the bottom. Electrolux attempted to streamline operations but seven years later the company still produced 120 basic designs with 1,500 variants and had found it necessary to launch new refrigerators designed to appeal to specific market niches.

Packaging and visual imagery can also be a minefield. The former CEO of Coca-Cola, Roberto Goizueta, recounted that, when his company entered the Chinese market, it was discovered that the phonetic pronunciation of the company name translated as 'Bite the wax tadpole'. The problem was identified before major production began and the ideograms on packaging were sensibly adapted to mean 'Tasty and evoking happiness'.

In another example from East Asia, one of the stranger illustrations of the cultural perils of globalization was a leading brand of toothpaste, marketed for decades under the brand name of 'Darkie'. Its packaging had a cartoon-like illustration of a stereotyped, black-face minstrel with top hat, and teeth gleaming pearly white. In its market of origin nobody apparently found this troublesome, but Colgate-Palmolive's purchase of the Hong Kong manufacturer of this product in 1989 brought unexpected problems at home. A rumour rapidly spread in the USA that the company was selling a racist product and banner-carrying pickets appeared outside its New York headquarters. To appease American critics without destroying a well-known brand in Asia, Colgate-Palmolive sought to redefine the brand name as 'Darlie', with a visual redesign to match. The packaging image was modified to show an elegant man about town of indeterminate ethnic origin, but still in white tie and top hat and with gleaming teeth.

Globalization, however, should not be considered only in terms of problems of adaptation or conformity. Theodor Levitt was indeed partly right in pointing out ways in which trends in technology and communications were linking the globe together and in some respects radically altering notions of culture. The influence of globalization means that culture does not necessarily remain dependent on a specific environment, with everyone adhering to the same broad, homogeneous set of values and beliefs. It raises the possibility of having a culture different from those around us. Cultural multiplicity rather than homogeneity and an emphasis on cultural creation rather than cultural inheritance would appear on many levels to be patterns for the future. Any such transition, however, will not be simple or easy.

The role of design substantially contributes to such developments by creating change in values across national or ethnic boundaries. This can be on the level of products, such as motor cycles and television sets, but probably more powerfully from the constant imagery associated with global television broadcasts and advertising, as with CNN, the configuration of an online interactive site, such as Amazon.com, or the corporate identity of McDonald's or Coca-Cola. Their ubiquity and widespread appeal can create substantial friction and have attracted attacks from divergent sources, among them French nationalism, and Hindu and Islamic fundamentalism. These all differ in origins and rationale, but have in common a resentment of new patterns of cosmopolitanism presented by the imagery of global design, in the name of protecting cultural identity. It would be a mistake, however, to identify all reactions to globalization with those of extreme groups. Many people are genuinely concerned about the loss of local control and identity to forces that frequently appear remote and not answerable for their actions. The utility of being able to watch new broadcasts from the other side of the world may not compensate for children being profoundly influenced by imagery and behaviour that can appear alien and threatening. Even on a more mundane level, it is easy to give offence. A major advertising campaign in Japan for an American brand of soap had a man entering the bathroom while his wife was in the bathtub, behaviour that might be thought to express sexual attraction in the USA, but which was considered ill-mannered and unacceptable in Japan.

These reactions cannot be dismissed as the inevitable consequences of change. The role and power of technology are indeed a problem when the ability to communicate simultaneously around the world, a marvellous development by any standards, is regarded as a threat. There are also far too many products and services being placed on world markets in which little or no concern is evident about whether they are comprehensible or usable. An assumption of uniformity in global designs as a basis for solutions can indeed create new problems, when a little forethought could have ensured appropriate adaptation to local conditions.

Obviously, the ability of human beings to create meaningful form spans a very broad spectrum of possibilities. At their most profound level, forms can embody metaphysical significance, going beyond the boundaries of tangible form to become symbols of belief and faith, expressing the deepest beliefs and aspirations of humankind. Nothing in the specific form of totems from Pacific Island tribes or the North American plains, or of statues of Buddha or Shiva, or the Christian cross can even hint at the complexity of the beliefs and values they represent. Yet the significance of such symbols becomes regarded as an objective social fact, understood by all who share the beliefs they symbolize. At the same time, it is also possible for people to invest objects with intense personal meaning that need not conflict with broader patterns of belief in a culture.

In 1981, two Chicago sociologists, Mihaly Csikszentmihalyi and Eugene Rochberg-Halton, published the conclusions of a research project on the role of objects in people's lives, entitled *The Meaning of Things*. They wrote of

> the enormous flexibility with which people can attach meanings to objects, and therefore derive meanings from them. Almost anything can be made to represent a set of meanings. It is not as if the physical characteristics of an object dictated the kind of significations it can convey, although these characteristics often lend themselves certain meanings in preference to others; nor do the symbolic conventions of the culture absolutely decree what meaning can or cannot be obtained from interaction with a particular object. At least potentially, each person can discover and cultivate a network of meanings out of the experiences of his or her own life.

The capacity of people to invest objects with meaning, to become imaginatively involved in creating from an object or communication a sense of significance that can reach far beyond what designers or manufacturers envisage, has not been given much credence in the age of mass production and advertising. All too often the emphasis is on imposing patterns of meaning and conformity from the standpoint of producers. However, this human capacity to invest psychic energy in objects is immensely powerful, with significant ramifications for the study and appreciation of design. In an important sense, it can be argued that the outcomes of design processes, the end result, should not be the central concern of the study and understanding of design, but rather the end result should be considered in terms of an interplay between designers' intentions and users' needs and perceptions. It is at the interface of the two that meaning and significance in design are created. For this reason, subsequent chapters exploring the outcomes of design in more detail will not be organized according to the categories widely used to define professional design practice, such as graphic or industrial design (although it will be necessary to discuss such terms). Instead, the chapters are grouped in terms of generic concepts: objects, communications, environments, systems, and identities, in which the concept of users', as well as designers', response and involvement can be further explored.

Chapter 4
Objects

The term 'objects' is used to describe a huge spectrum of three-dimensional artefacts encountered in everyday activities in such contexts as the home, public spaces, work, schools, places of entertainment, and transport systems. They range from simple single-purpose items, such as a saltshaker, to complex mechanisms, such as a high-speed train. Some are an expression of human fantasy, others of high technology.

Objects are a crucial expression of ideas of how we could or should live, put into tangible form. As such, they communicate with an immediacy and directness that is not just visual, but can involve other senses. Our experience of an automobile is not solely through how it looks, but also through the feel of seats and controls, the sound of the engine, the scent of upholstery, how it rides upon the road. The orchestration of sensual effects on several levels can have a powerful cumulative impact. Such diversity in how objects are conceived, designed, perceived, and used also provides multiple perspectives from which they can be understood and interpreted.

The terminology of the professional practices involved is an additional complication. 'Product designer' and 'industrial designer' are in reality virtually interchangeable and both claim a role in thinking about product form in terms of the relationship between technology and users. 'Stylist' is more limited, a term describing a preoccupation with aesthetic differentiation of product form, usually under the control of marketers. 'Industrial artist' is an older term that is still occasionally used, emphasizing again a focus on form in aesthetic terms. Many architects can also work as designers, employing a variety of approaches. For particularly complex objects, perhaps with highly specific performance requirements, the form may be determined by engineering designers on the basis of technological criteria. An additional complication is that complex objects can require multidisciplinary teams involving many disciplines working in close cooperation.

Within the framework set out at the end of the previous chapter on the interplay between designers' and users' concerns, it is clear that there are some designers who, on balance, are more preoccupied with their own ideas, rather than with those of their users. Reinforcing such approaches are theoretical ideas grouped under the heading of postmodernism, which emerged in the 1980s, emphasizing the semantic value of design, rather than its utilitarian qualities. In other words, it is the meaning of a product, rather than the uses to which it is put, that is the primary criterion in its conception and use. It is not users, however, who are the focus of these concepts, but designers, which opens the door to products taking on arbitrary forms that may have little or nothing to do with use, but are justified by their 'meaning'. An example is the Italian company Alessi, which, in addition to a long-established range of household items of great simplicity, has in recent years offers a stream of products epitomizing this tendency. Perhaps the most well known is the lemon squeezer designed by Philippe Starck, under the name 'Juicy Salif'. Starck has a great talent for designing striking, unusual forms, as is obvious in this object. It is, however, signally deficient in the practical purpose it purports to fulfil and is instead intended to function as a 'household icon'. To have this item of fashionable taste adorn a kitchen, however, costs some twenty times that of a simple and infinitely more efficient squeezer – in fact, the term 'squeezer' should perhaps be more appropriately applied to profit leverage, rather than functionality for users.

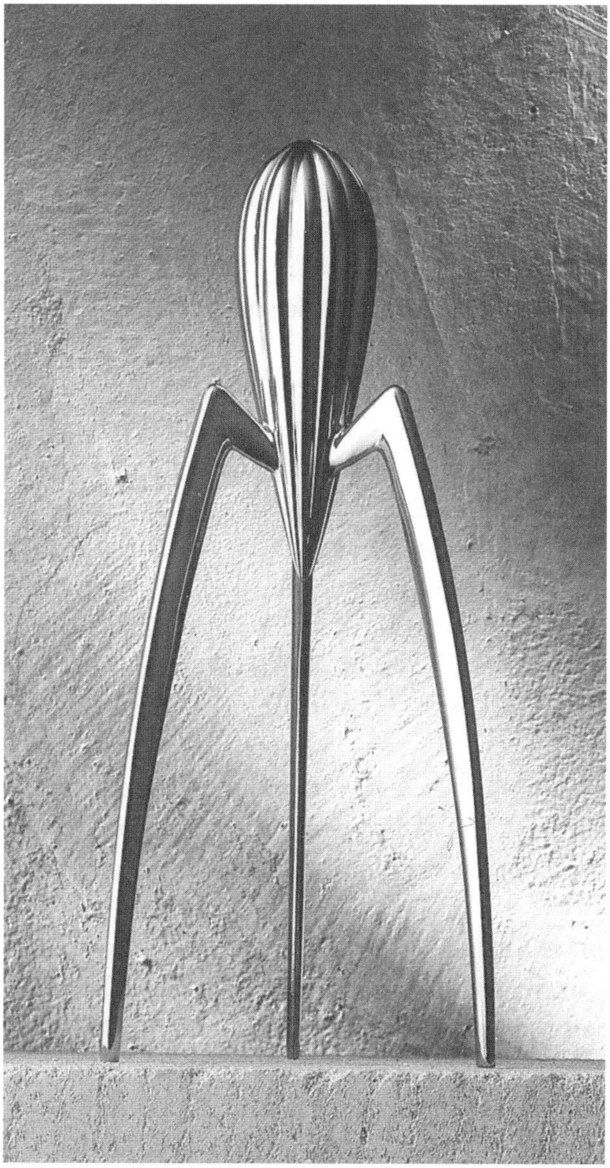

9. Pricey inefficiency as high style: 'Juicy Salif' by Philippe Starck, for Alessi.

This particular approach to design has been avidly adopted by innumerable companies looking to inject added value into products on which profits margins are low. As a result, postmodernist ideas in design have been widely appropriated for commercial purposes in order to convert efficient, inexpensive, and accessible products into new manifestations that are useless, expensive, and exclusive. The emphasis on meaning, moreover, unlocks a vista of unlimited possibilities for the elaboration of ever-new forms requiring little or no relationship to purpose, enabling products to be drawn into cycles of fashionable change for the primary benefit of manufacturers.

Fashion, basically, depends upon many people's concepts of suitability being heavily influenced by what they see others doing and purchasing. As such, it is an innate characteristic of human nature. From this perspective, goods are indicators of social and cultural status. As disposable income has been more widely available for larger proportions of populations in advanced industrial countries, the potential for conspicuous consumption and so the demand for distinctive products have undoubtedly expanded and been subject to intense manipulation. Among the responses to this phenomenon has been the emergence of 'designer-brands', which have proved to be powerful devices, particularly in the more expensive sectors of the product spectrum.

An example is Ferdinand Porsche, grandson of the designer of the original Volkswagen 'Beetle', who began work in the family car company and set up his own design studio in 1972. His design activity includes work on large-scale products, such as trains for the Bangkok Mass Transit System, street trams for Vienna, and speedboats, which have a strong utilitarian element. He is best known, however, for small, exclusive personal items, such as tobacco pipes and sunglasses, made in cooperation with leading manufacturers. Even though these latter firms have a high reputation in their own right, such as Faber-Castell or Siemens, products are marketed as a Porsche Design, which

10. Access and convenience for all: Vienna streetcar, designed by Porsche.

has become a fashionable identifier in its own right for luxury products.

It would be misleading to imply that all such 'designer-centred' approaches are focused solely on differentiating form as a means of adding value. Some individuals evolve insights into people's lives, with the results that they design radically new solutions to problems that might seem obvious once manifested in tangible form – in other words, giving users what they never knew they wanted – one of the most innovative roles design can play.

One of the greatest influences on form in the modern world, in this sense, has been Giorgetto Giugiaro. He also started out as an automobile stylist, working for FIAT, Carrozzeria Bertone, and Ghia, before founding Italdesign with two colleagues in 1968. No one has more influenced the direction of automobile styling around the world than Giugiaro. His concept of the Volkswagen Golf of 1974 set the pattern for subsequent generations of small, hatchback cars and a 1978 design for Lancia was the first minivan. Clean contours and lines, without superfluous decoration, typify his work. Italdesign worked on some industrial design projects, but in 1981 an offshoot, Guigiaro Design, was established to concentrate specifically on a broader range of products. These have included cameras, watches, express trains (even these have his signature), subway trains, motor scooters, housewares, aircraft interiors, and street furniture. More recently he, too, has introduced a range of personal and fashion goods.

For some designers, retaining a degree of control over their work in order to guarantee its integrity is an essential dimension of practice. Being able to do so while being highly successful commercially demands creative skills and business acumen of a high order. Stephen Peart, ran a company, Vent Design, based in California, that had such a reputation for innovative concepts and high-quality designs that marketing his services was unnecessary as a string of major companies beat a path to his door. He rejected growth in order to keep overheads low and maintain the possibility of choice in the clients whose commissions he accepted. The integrity of his work was maintained by insisting on agreements stipulating that a contract was void if his design concepts were changed without his consent.

There are also companies where the influence of individuals can be

11. The hatchback sets a new pattern: VW Golf by Giorgetto Giugiaro, 1974.

decisive, particularly in establishing a philosophy about the role objects should play in people's lives. An example is in the field of domestic electrical appliances, such as toasters, kitchen mixers, and hair dryers. These are in fact used for only a few minutes in any day and the question of what role the forms should play in the long intervals when they are not used is pertinent.

The German designer Dieter Rams used the metaphor of a good English butler: products should provide quiet, efficient service when required and otherwise fade unobtrusively into the background. (A former butler from Buckingham Palace advising the actor Anthony Hopkins on his role in the film *Remains of the Day* commented: 'When you are in a room it should be even more empty.') Rams's designs for Braun over a forty-year period through to the mid-1990s used simple, geometric forms and basic non-colours, predominantly white, with black and grey used for details, and primary colours applied only for small and highly specific

12. The language of simplicity: Braun travelling clock, Type AB 312, by Dieter Rams and Dietrich Lubs.

purposes, such as on/off switches. The consistent aesthetic cumulatively established by Braun was one of most formative influences on houseware design in the late twentieth century and established instant recognition for the company that many have sought to copy but few have equalled.

In contrast, similar appliances produced by the Dutch company Philips, under the design direction of Stefano Marzano, have tended to be more assertive visual statements, with a range of organic forms and bright colours, implying that such objects serve a more prominent visual role in the home when not in use.

Highly individual and innovative approaches to form can be particularly successful when allied to genuine improvements in product performance. Apple's iMac computer series designed by Jonathan Ive and introduced in 1998 caused a sensation with its incorporation of transparent plastics, in what were often referred to as 'toothpaste colours', on casings and accessories. Ive's innovative concept of what computer form could be cleverly signalled a new emphasis on accessibility and connectivity in the iMac series, targeting sections of the population who had not previously used computers. It certainly set a huge trend in motion, with the use of such colours so widespread that it became repetitive and meaningless, yet another trend ready to be superseded.

A striving to demonstrate individual personality through designs should not be surprising. Most designers are educated to work as individuals, and design literature contains innumerable references to 'the designer'. Personal flair is without doubt an absolute necessity in some product categories, particularly relatively small objects, with a low degree of technological complexity, such as furniture, lighting, small appliances, and housewares. In larger-scale projects, however, even where a strong personality exercises powerful influence, the fact that substantial numbers of

13. Style and connectivity: Apple iMac by Jonathan Ive

designers are employed in implementing a concept can easily be overlooked. The emphasis on individuality is therefore problematic – rather than actually designing, many successful designer 'personalities' function more as creative managers. A distinction needs to be made between designers working truly alone and those working in a group. In the latter case, management organization and processes can be equally as relevant as designers' creativity.

When a design consultancy grows beyond a certain minimum size, the necessary time committed to managerial functions inevitably makes it difficult to maintain personal levels of creativity. Michele de Lucchi has a consultancy with some fifty employees in Milan and corporate customers around the world. Clearly, not all consultancy work can be executed by de Lucchi himself, although his personal control establishes direction and standards. However, to sustain his capacity as a designer, he has also established a small production company, enabling him to continue working at a level of personal exploration and self-expression not possible with the more strictly defined corporate emphasis of mainstream work.

In other areas of design work, however, a group ethos predominates. Many design consultancies are organized as businesses and lack any specific reference to an individual. They often have large numbers of employees located in offices around the world working on a huge range of projects. One of the best known, IDEO, was founded by combining British and American consultancies and by the late 1990s had offices in London, San Francisco, Palo Alto, Chicago, Boston, and Tokyo. Metadesign, after being founded in Berlin, similarly functions on an international level, with affiliates in San Francisco and Zurich. While some consultancies provide a general range of competencies, others can focus on a particular area of work. Design Continuum in Boston emphasizes close cooperation between designers and engineers with a specialist capability in designing medical equipment. Teamwork is frequently a characteristic of consultancy work and the specific contribution of individuals may be veiled.

Corporate design groups necessarily focus on specific products and processes manufactured by their company, which offers the possibility of going into depth on specific problems and working on several generations of products. Again, they take many forms. An ongoing problem in such groups is the need to maintain specific expertise without getting stale, which means injections of fresh stimuli. Some combine a small in-house group for continuity, with consultants occasionally brought in to add a broader perspective. In others, such as Siemens and Philips, the corporate group is expected to function as in-house consultants, having to bid for the company's work on a competitive basis against outside groups, and being free to do work outside the company. Some corporate giants, particularly Japanese companies, have very large in-house groups, 400 designers being not unusual, although many of these may work only on a detailed level, designing minor variations of existing products in an effort to satisfy a broad range of tastes.

If references to 'the designer' indicate a bias towards individuality in much design thinking and commentary, another widespread singular reference – the phrase 'the design process' – suggests a unity that is non-existent in practice. There are, in fact, many design processes, adaptable to the immense variety of products and contexts in which designers work.

At one end of the spectrum are highly subjective processes based on individual insight and experience. These can be difficult to explain and quantify. Particularly in corporate contexts dominated by the numerical methodologies of finance and marketing, with their apparent ability to demonstrate 'facts', it is easy for such approaches to be underestimated. There is a welcome recognition in economic and business theory, however, that in many disciplines the kind of knowledge based on experience and insight – tacit knowledge – can be a vital repository of enormous potential. Much design knowledge is indeed of this kind, although this does not mean an ability to design should be limited to the tacit dimension. There is a vital need to extend alternative forms of knowledge in design that can be structured and communicated – in other words, coded knowledge.

Most practical disciplines, such as architecture and engineering, have a body of basic knowledge and theory about what the practice is and does that can serve as a platform, a starting point, for any student or interested layman. The absence of a similar basis in design is one of the greatest problems it faces. Emphasizing tacit knowledge means that many design students are expected to reinvent the wheel, acquiring knowledge in an unstructured manner through learning-by-doing. In effect, more rational methods of enquiry and working are considered irrelevant.

Tacit, subjective approaches may be appropriate for small-scale projects – for example, where the emphasis is on differentiating form. In contrast with large-scale projects involving complex questions of technology and the organization of interactions on many levels, personal intuition is unlikely to be capable of handling all necessary aspects. In such projects, rational, structured methodologies can ensure the full dimensions of projects are understood as a platform for creative solutions on the level of detailed execution. Where, for example, the fit between an object and user is of primary importance, ergonomic analysis based on data about human dimensions can ensure that a form will be appropriate for a desired portion of any given population. The Aeron chair, designed by Don Chadwick and Bill Stumpf for the Herman Miller corporation, is a finely detailed office chair creatively elaborated on the basis of minutely detailed ergonomic data.

Computer-based approaches have also been developed for application to the analysis of very large and complex problems. One such programme, known as Structured Planning, has been developed by Charles Owen at the Institute of Design at

14. Form and ergonomics: Aeron chair by Don Chadwick and Bill Stumpf for Herman Miller.

the Illinois Institute of Technology in Chicago. With the aid of computers, problems are decomposed into their constituent elements that can be analysed in detail and reconfigured in new creative syntheses. In work for companies such as Steelcase, the world's largest manufacturer of contract office furniture, structured planning has been used to generate new insights and proposals for development in large, complex markets. For Kohler, producer of bathroom fittings, its application has generated a large number of product proposals, of which one to reach the market is a bathtub within a bathtub, enabling the bather to fill the inner bath to the brim for a deep soak.

Market analysis is also a long-established and powerful tool in generating ideas. In the early 1980s, the design group at Canon analysed patterns in copier sales and found the market was dominated by very large, highly expensive machines based on cutting-edge technology. Speculation about whether smaller machines, personal copiers, based on a miniaturization of existing well-proved technology at a relatively low cost, could be feasible led to a hugely successful extension of the market and a dominant position in it for Canon.

On another level, methodologies seeking to understand the problems of users have been adapted from disciplines such as anthropology and sociology. An example is using behavioural observation to gain insights into difficulties that people have in varying contexts, such as working environments, shopping, or learning. Detailed observation over time and space can reveal difficulties that can be addressed by new design solutions.

Although most objects are created with particular uses in mind, however, there are problems in basing interpretations on designers' original intentions. These can be undermined or even reversed in the processes of use by people's infinite capacity pragmatically to adapt objects to purposes other than those originally intended. (Consider for a moment the alternative uses to which a metal paperclip can be put.) A chair can be intended as a seat, but may also be used to stack papers or books, to hang clothes, to keep a door open, to stand on and change a light bulb. VCRs were originally intended by their manufacturers for playing prerecorded tapes, but were soon adapted by users for time-shifting television programmes, recording them on a blank tape so they could be watched at a time convenient to the viewer, rather than the broadcasting company. In general, the additional functions can either complement or enhance the original intention, although this is not always the case. Table knives or scissors can be readily used as injurious weapons, as innumerable police records attest.

Some manufacturers endeavour to use this talent for adaptation as a positive resource. If unsure of what to do with a new technology or product, they frequently launch it on the market in a form encouraging experimentation by users, hoping the huge talent for adaptability will discover feasible applications. After a 3M researcher discovered a new glue that would not stick permanently, the resulting range of Post-It products evolved very largely from observing how people adapted the original plain paper format to a wide range of uses, such as book-markers, fax labels, or shopping reminders. The spectacular evolution of sports shoes has followed a similar trajectory largely derived from observing new and unusual ways of how young people use them on the street.

Another way of involving customers is represented by IKEA, the furniture company founded in Sweden by Ingvar Kamprad in 1951. Now with stores all over the world and a thriving mail-order business, IKEA has redefined production processes by incorporating customers into them. In selling flat-pack components designed for easy transportation, it has to design each item so customers can assemble them easily at home, resulting in large cost savings, part of which are passed on to the customer as lower purchase cost. The success of IKEA has also been based on a consistent design approach, predominantly an updated Swedish Arts and Crafts style, which it projects in all its operations, giving it a local character in global markets. This has caused some problems in the context of use, however, as when it first marketed beds in the USA that were the wrong size for American sheets and covers.

In considering what level of innovation is appropriate and what design approach is best for particular products, the concept of life cycle is important. In the earliest stages after any new product appears, when uncertainty abounds, formal experiment will be a characteristic, with a variety of possibilities being probed. As the market grows and settles, products take on specific characteristics and become standardized, the emphasis swinging to production quality and cost. In the experimental stage of personal computers in the early 1980s, for example, a variety of possibilities existed. Then the IBM PC format became dominant, with Apple playing a subsidiary role for graphic applications. More recently, the emphasis has been on companies like Dell or Compaq delivering a product in which basic quality and performance are taken for granted, based on a highly efficient, cost-effective production system. In well-established, saturated markets, multiplying features and visual difference of any kind frequently becomes widespread. Conventional telephones, under the impact of increased competition from other systems such as mobile phones, have reached this advanced stage of 'feature creep'. It is supposedly possible to buy telephones with over eighty functions (most impossible to understand) in a superabundance of forms, including bananas, tomatoes, racing cars, sports shoes, and Mickey Mouse.

Sometimes basic product forms manage to resist this proliferation, however, becoming so well established in terms of functionality that it is extremely difficult to change them. An example is the electric iron, for which the basic sole-plate format is so appropriate for its task that minor variations of the existing form are the only design options.

A major constraint on design is presented by legislation on a variety of matters that might not specifically mention design, but sets tight parameters for performance. In the USA, this includes product liability laws, making manufacturers liable for injuries resulting from a product, and the Americans with Disabilities Act, which stipulates environmental and transportation requirements to provide access for people with disabilities. In Germany, a range of environmental legislation requires products or packaging to be made from materials which can be recycled, with manufacturers responsible for packaging disposal. Failure to incorporate such requirements into product specifications can be costly.

A further challenge for contemporary designers is the need to keep pace with evolving technologies. The replacement of mechanical sources of power and function by electricity during the twentieth century, and, towards its end, the widespread introduction of electronic technology, have fundamentally changed the nature of many objects. Theories about form being a reflection of function have been demolished by the dual effects of miniaturization in printed circuits and astonishing increases in processing power encapsulated in computer chips. Processes are no longer visible, tangible, or even understandable, and the containers for such technology have become either anonymous or subject to manipulations of form in attempts to create fashion or lifestyle trends.

An example of anonymity is the automated teller machines (ATMs) that have become such a common feature across much of the globe. They exist not as objects in their own right – indeed they are often incorporated into the wall of a building – but as a point of delivery for services that were once carried out by bank tellers. To do this they are a combination of hardware and software. The physical structure needs above all to protect the money contained inside. The key element for users, on the other hand, is the software, the interactive program enabling them to obtain cash. It is, therefore, not the ATM as an object in its own right that is important, but the interface with the computerized system. Their convenience is an enormous improvement on what previously existed, yet they are often cited as evidence of a widespread process of alienation. It is not the technology that is alienating, however, but inadequately thought-through design solutions to new problems.

There are predictions that in the future microchips will revolutionize an even-greater range of objects. It is feasible for a chair to have built-in sensors that respond to sitters, automatically adjusting to their dimensions and desired posture. Similarly, sports shoes that adjust to whether a wearer is standing, walking, or running, on tarmac, grass, sand, or rocks, are entirely conceivable.

The forms in which such conveniences are embodied will, however, raise more questions about the relationships between the designers of objects and their users. Are objects to be primarily the plaything of designers' egos, in a manipulative effort to create wants, or are they truly to answer needs in ways responsive to, even created by, users on the levels of both application and meaning?

Chapter 5
Communications

'Communications' is here used as a shorthand term to cover the vast array of two-dimensional material that plays such an extensive role in modern life. Two-dimensional media forms have multiplied and expanded to a point where we are continuously bombarded with visual imagery. Their influence is pervasive, in both positive and negative senses: they can inform, direct, influence, arouse, confuse, and infuriate. Switch on the television, browse the Internet, walk down a street, read a magazine, or go into a store, and we are confronted with a huge array of signage, advertising, and social advocacy on a variety of scales. Some images will be permanent – a street sign, for example – but, in comparison to objects, a much greater proportion of communications is ephemeral, such as newspapers and advertising materials.

Another important difference between objects and communications should also be noted. Objects can exist as visual forms in their own right and can be used without any other reference. A vase or Lego building blocks for children, for example, do not necessarily require any accompanying text in order for them to be used or understood. They have visual or tactile qualities that communicate directly with great effect. Two-dimensional images, however, are different. As a means of personal expression they communicate with great immediacy. They can have a profound effect in stimulating a range of reactions, although this may not be exact or capable of

15. Competition made visible: Hong Kong street signs

calculation in advance. For practical purposes, however, in forms such as maps or diagrams, imagery in two dimensions generally requires being supplemented by text for it to establish any kind of precision. Attempts to use icons and pictograms effectively to convey meaning have had some success, especially in contexts where people from many countries and speaking many languages are expected to be users. The comprehensive signage system designed by Otl Aicher for the 1972 Munich Olympics is a classic example that has been widely imitated. Nevertheless, in general, an advertisement, or a brochure on how to use a product, or a chart or diagram without any text of any kind will probably be confusing and unclear. In general, therefore, a combination of print and imagery is fundamental in understanding communications.

As with the design of objects, numerous kinds of practice are involved in designing communications, covering an enormous range. Perhaps the most generally used is 'graphic designer', a term that emerged in the 1920s and that characterizes someone whose concern is with two-dimensional imagery. Like much terminology

16. Communication without boundaries: Munich Olympic pictogram system by Otl Aicher, 1972.

in design, however, it can be confusing, encompassing people who design letterheads for small businesses to those devising a visual identity programme for a major corporation. Whatever the level of application, however, graphic designers employ a common vocabulary of signs, symbols, type, colour, and pattern to create messages and structure information.

Like designers of objects, graphic designers can also work as consultants or as in-house employees for organizations. Some consultants are able to work in a highly personal style, such as the American designer April Greiman, who, after initial training in the USA, studied in Switzerland, one of the fountainheads of modern typography. She is best known as a pioneer of the use of computers in design – 'the leading lady of design with a mouse', as she has been termed. Greiman exploits the ability of computers to handle diverse materials, various kinds of images and text, and layers them in striking compositions of great depth and complexity. After many years of running her own business in Los Angeles, in 1999 she became a partner in the international consultancy Pentagram, but, as with all partners in this firm, continues to have total control over her own work.

Graphic consultancies can be giant organizations, perhaps the most notable being Landor Associates, founded in 1941 in San Francisco by the late Walter Landor, who was born in Germany and trained as a designer in England. He believed that understanding consumers' perception of companies and products was at least as important as understanding how products were manufactured, and on that basis, built his consultancy into one of the world's leading specialists in the design of branding strategies and corporate identity. Sixty years after its foundation, it has over 800 employees working in twenty-five offices spanning the Americas, Europe, and Asia. It has created innumerable brand images for companies that are known the world over. The range includes corporate identity programmes for numerous airlines, such as Alitalia, Delta, Varig of Brazil and Canadian Airlines. Other identity programmes from a very extensive list include France Telecom, FedEx, BP, Hewlett-Packard, Microsoft, Pepsi-Cola, Kentucky Fried Chicken, and Pizza Hut. Designs for a range of major events also feature in its portfolio, including the symbol for the 1996 Atlanta Olympics, and full identity programmes for the 1998 Olympic Winter Games in Nagano, Japan, and the 2002 Olympic Winter Games in Salt Lake City. The continuity of work and growth by the Landor organization over many years is impressive, especially compared to other large design consultancies that grew rapidly to considerable size, only to crash precipitously.

In-house graphic work for companies, compared to the design of objects, tends to be somewhat less specialized, since the range of materials is likely to be far broader, but a necessary focus will continue to be on what is relevant to the company in question. The spectrum of work and responsibilities is potentially huge. Businesses that routinely generate large quantities of brochures, instruction leaflets, packaging, and labels need a staff of graphic designers to maintain the flow of such materials. Some in large companies may work more on the level of creative interpretation rather than original concept, within the framework of a corporate identity programme devised by outside consultants. On the other hand, a corporate context does not necessarily restrict designers in this way – publishers of books, magazines, or record covers routinely require designers to create highly original, one-off material.

Government bodies of all kinds also produce huge amounts of forms and documentation. These often demand a major effort by citizens to decipher them and fill out the requisite information, with bureaucratic jargon, tiny print, and inadequate space to fill in answers. An example of how improvement in this field can be dramatic is the Passport Application form in the United Kingdom. Understanding the form's requirements was once a tortuous process, but effective graphic devices now enable it to be easily comprehended and rapidly completed, demonstrating there is no innate reason why designs for governments should be turgid. Indeed, it was the City of New York, in a period when the collapse of the city as a functioning entity was widely predicted, that commissioned Milton Glaser's use of a heart shape in his 'I love New York' device – one of the most imitated graphic forms ever created.

Public, non-commercial bodies of a wide variety also generate extensive design requirements. One of the most influential design programmes in broadcasting organizations is maintained by the Boston Public Television station, WGBH, with a staff of thirty designers. Establishing the station's visual identity requires a large spectrum of means, for both on-screen application and a variety of collateral materials. These include logos, programme introductions and titles, animated sequences, teaching materials, membership information, annual reports, books, and multimedia packages.

Many churches and charitable organizations also depend widely on published materials. The Church of Jesus Christ of the Latter Day Saints has a staff of sixty designers based in Utah, who design the very extensive range of print and electronic publications and packaging for goods that are a substantial feature of its missionary activities. A group such as Oxfam, dependent upon donations, also needs constantly to promote its cause to generate public support.

Large volumes of materials are also essential to museums, from floor plans of exhibits, to directional signage and the publication of major catalogues. A substantial area of expansion in recent years has been in online museum sites. Some of these simply duplicate information published in other forms, but others, such as the J. Paul Getty Museum in Los Angeles, have begun to exploit the educational potential of demonstrating the richness and variety of their collections to a much wider audience.

Neither can organizations focusing on political and social protest be ignored. The symbol of the Nuclear Disarmament movement is a classic example of the capacity of such groups to create powerful forms and is almost as widely copied as Milton Glaser's heart. A more recent example is the red ribbon-fold of Aids campaign groups.

On the level of techniques, a feature of communications is the extensive and expanding range involved. This can lead in the direction of both generalized integration and specialization. By the former is meant the way in which different visual elements can be combined in a particular communication. A piece of packaging, for example, might well combine material and structural criteria with illustrative and photographic imagery, a corporate logo, typeforms – combinations of typographic elements – used as expressive elements, brand names and symbols, instructions for use, and product information required by law. On the other hand, as the scale of projects increases, a specific element can frequently require specialist competencies, in a manner akin to the spectrum of abilities required to produce a motion picture. It might, for example, be necessary to combine typography, illustration, photography, information design, or interface design for computer programmes, each requiring specialists in the field.

Typefaces are one of the most basic building blocks in design, and typography – designing and composing letterforms – is a fundamental skill in creating printed imagery. The shape of a typeface can be designed for clarity, intended to communicate with maximum utility, or it can be powerfully expressive or evocative. With the introduction of computers, an astonishing range of typefaces has become available, enabling designers to explore examples from a wide historical and geographical range as well as more recently devised formats. Typefaces combined into words can be powerfully amplified or given a specific nuance by the choice of fount, or be shaped into expressive or decorative forms to serve as highly expressive elements in a design.

Publications come in a range of forms. Books are the archetypal vehicles for disseminating ideas and information. Although their demise has been widely predicted since the emergence of electronic media, they remain portable and convenient for flexible individual use and retain considerable advantages: there is no digital equivalent yet of the terms 'book collector' or 'book lover'. Newspapers and periodicals are more ephemeral and perhaps for this reason are somewhat more vulnerable to competition from electronic media. People often form communities of interest sharing a common sympathy for specific books, such as the Harry Potter series, or for particular editorial policies or standpoints. The visual identity of publications such as *The Times*, *Vogue*, *Rolling Stone*, or *Wired* is an important element in creating such affinities. On a more intense level, many subcultures have also formed around publications, examples being the work by David Carson, a California designer for *Beach Culture* and *Ray Gun* magazines in the early 1990s. Computer manipulation enabled him to create kinetic images that struck a deep chord in the youth culture market targeted by these magazines.

Illustration, which lies at the artistic end of the communications spectrum, is a core skill distinguishing many practitioners. The distinctive style of Raymond Briggs or Quentin Blake, linked to a great talent for storytelling, has enabled them to carve out careers as author/illustrators. A younger generation of talent is exemplified by Sue Coe and Henrik Drescher. Coe, born in England and now based in New York, has produced print series using traditional techniques such as etching that raise social commentary to a level of burning intensity. Drescher, born in Denmark, educated in America, and now living in New Zealand, has work published in the *New York Times* and *Time* magazine, but his mordant, quirky style is at its best in the children's books he writes. His use of the computer is an outstanding example of the potential of digital technology as a creative tool.

Illustration, however, can also be a very specialized form of work, often requiring considerable technical expertise, as in technical or medical illustration. Some consultancies focus these skills on a particular outlet, such as educational and scientific publishing, or museum and exhibition display. Photography similarly covers a spectrum from work of the most personal nature to specialized forms for specific purposes, such as documentary photography, or photographing objects for sales or exhibition catalogues and other publications.

One of the most dramatic features of communications is the manner in which many aspects of design are being radically transformed by the growth in multimedia publishing, combining text, images, video, and animation in ways that open up immense new possibilities. The range and flexibility of this new medium are most easily experienced on the Internet. Its potential for direct experience and easy access is still in the early stages of development and there are huge questions of developing forms of typography and imagery specific to electronic publishing, as against simply replicating forms from other media. Above all, as business applications grow, some of the greatest questions requiring greater attention relate to the problems of navigating through complex sites and the vast amounts of information available. The more successful online sites, such as Amazon.com and Travelocity, show both the potential and the limitations of the new medium. They have pioneered the way in opening up possibilities for customers' choices through the design of sites that are very user-friendly. However, at the same time, it needs to be emphasized that, although information processes are radically different, the product purchased through the process remains unaltered: the design of books and airline seats remains unaffected by such transformations.

The highest levels in sustainable growth arising from the revolution in electronic media have been in business-to-business applications, which have dramatically expanded. The capacity simultaneously to simplify procedures and give access to customers through their computers is opening up huge potential for improving efficiency. Suppliers can store vast quantities of information about products and services, enabling customers to order on a just-in-time basis, instead of tying up capital and facilities in large stocks. The main criterion in the efficiency of such systems, however, is information solutions that are clear, accurate, and comprehensible. If customers cannot speedily navigate through to what they need, a provider will be at a major disadvantage. An important emphasis in such online sites is that virtuoso visual effects are useless if the ability of users to take action is not taken into account.

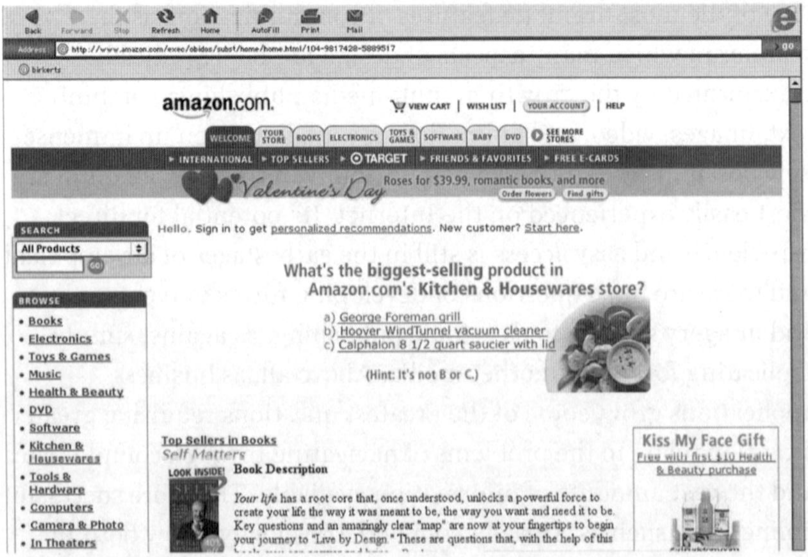

17. Navigating the web made easy: Amazon.com page

The complexities of multimedia applications also exemplify a wider characteristic of communications, with innumerable further subdivisions and combinations of skills constantly being generated, such as photography combining with illustration in animated films, or with typography for film titles. The design practice of Saul Bass was built on the twin poles of film publicity and corporate logos. In the former, he was responsible for such classics as Otto Preminger's *The Man with the Golden Arm*, or Alfred Hitchcock's *Psycho*, in which he displayed an ability to combine various elements – visual imagery, type, and pictographs – with music into compelling sequences. These were the basis not just of titles, but of other publicity materials such as posters and advertising. In addition, he also devised corporate logos for firms such as United Airlines and AT&T. A graphic designer working on large projects might indeed need to know something of each speciality in order to function adequately as a manager of a range of such competencies. Once again, the stereotype of designers as artistic lone rangers can extend in reality into the combined talents of a group or team.

This same stereotype is also placed in question by the field of information design – a highly specialized branch of communications in which data on any subject are presented in ways enabling their use as a basis for decision making. Such information can be presented in many forms and media over a huge range. An everyday example is provided by weather forecasts. Data from numerous sources are rapidly translated into visual forms, enabling decisions to be taken about what clothing to take on a trip or what equipment is necessary for a job. This information is available from maps and text in daily newspapers, from television maps and animated sequences, or from online sites. The Weather Channel in the USA, broadcasting televised forecasts around the clock, and, in the United Kingdom, the BBC's regular forecasts on radio and television, are supplemented by web sites where detailed forecasts for the whole country, or specific regions or cities, can be obtained for a week hence. On another level, an American web site, World Pages. Com, provides directory information of telephone subscribers throughout North America, supplemented by detailed maps of locations and information on accommodation and facilities in the vicinity of each address. An innovative approach to providing market information is exemplified by Morningstar, a Chicago-based company, specializing in financial data services to facilitate decision-making by investors on sales or purchases of mutual funds. The core task is compressing very large amounts of information into a comprehensible format that, using numerous graphic devices, enables users to make informed and rapid investment decisions. Originally in printed form, information is now available online. The emphasis at Morningstar is on content as the primary need, not aesthetic expression, although the company's total image, by its consistency, does in fact generate a very distinctive aesthetic image.

In contrast, advertising is not primarily concerned with enabling users, but is one of the most specialized areas of persuasive communications, as well as one of the most pervasive, utilizing a blend of text and imagery to promote products and services. As such, of course, there is a considerable area of overlap between communications and objects, since the latter can be designed for maximum visual impact, with translation into advertising imagery in mind. In this sense, when consistently executed across all elements of a marketing campaign, the advertising image can condition perception of objects before they are actually seen. Most people, for example, will see an advertisement for a new automobile before they see an actual example on the street.

A particular feature of most advertising is that, while attempting to mould opinion, it cannot afford to offend anyone in a particular market, which accounts for much of the bland uniformity of the people and lifestyles it depicts. This had led some critics to depict a stereotypical image of advertisers as the puppet masters of modern society, manipulating everyone to do what is not in their best interest. Most advertisers, however, see themselves as mediating between trends in society and their clients' interests, both reflecting what is happening in society and feeding back a stylized version of it in advertising campaigns and imagery.

The influence of advertising, however, cannot be underestimated, particularly where it has been refined as an instrument of inducing mass consumption. In the USA, where such techniques were first evolved and penetrated deepest, its methods and imagery have become part of the cultural fabric. Even political campaigns for the presidency or other major offices are run as advertising campaigns, constantly adapting a candidate's image to changing circumstances. Such is the embedded influence of these techniques that the boundaries between image and reality frequently become blurred.

Another vague boundary is that between advertising and propaganda, the latter being a particular form of communication that attempts to shape opinions in support of political or ideological ends. Advertising cannot afford to stray too far from what its target audiences understand as reality, although it can warp perception by selectivity, through what it consistently chooses to emphasize or omit. Unlike advertising, however, propaganda frequently depends upon establishing an image by offending a particular group – depicting them in some stereotypical form as 'the enemy'. Although truth has sometimes been a stranger to advertising, lies and gross distortion are endemic to propaganda.

Clearly, the role of communications in modern society is huge, of deep significance on multiple levels, and in a considerable state of flux and change, with different cultures overlapping, combining, and borrowing from each other. On one level this can be seen as part of the process of globalization, with ideas flowing more freely across national or ethnic cultural boundaries. Even within cultures, however, there is a parallel process of exchange. Professional designers use forms, for example, graffiti, borrowed from urban street culture movements such as hip-hop or punk, while the public have access to computers or facilities in print shops that encapsulate professional skills in forms available to and affordable for everyone. A negative result has been a diminution of small graphic design businesses catering for local needs, but there are positive aspects from the overlap, as designers reach beyond a closely defined professional definition of their role and the public becomes more involved in communicative activities. If one of the purposes of communication design is to create a sense of identity in visual terms, the capacity of new technology to enhance mutual understanding between those who create images and those who receive them offers considerable potential for the future.

Chapter 6
Environments

When considering environments, additional layers of complexity come into play. In common with objects and communications, form, colour, pattern, and texture are basic compositional elements, but the articulation of space and light is a specific characteristic of the design of environments. Moreover, in this context, objects and communications become closely interlocked with spatial elements, giving added emphasis to their functionality and significance.

A further important distinction is that environments are frameworks for activities, significantly affecting patterns of use, behaviour, and expectations in home life, work, leisure, and a range of commercial ventures.

In basic analytical terms there is an obvious distinction between internal and external environments. The latter may be considered the predominant domain of other disciplines such as architecture, urban and regional planning, and landscape architecture. In addition, the structures framing interiors are, of course, frequently determined by architects, engineers, and builders. There is, however, a range of environments primarily concerned with specific uses that come within the compass of design and largely distinguish its role from other forms of practice. The spectrum of functions and ideas about their design, however, is huge, and, in a brief compass, little more than scratching the surface of this huge diversity is feasible.

As with other areas of professional specialization, interior design spans a wide spectrum of approaches and professional functions. At one pole are those concerned with the decorative layout of specific spaces and their contents using available furnishings and materials in terms of their overall aesthetic effect, for such settings as private homes for wealthy people, restaurants, or hotels. These tend to be the outcome of stylistic trends and personal taste on the part of designers and clients, and can be considered more in terms of compositions of existing elements rather than design from first principles. At another pole, however, can be found the original creation of spatial concepts and layouts and the specification of equipment for specific purposes, such as offices, hospitals, or schools that have to meet a spectrum of often demanding criteria regarding health, safety, and efficiency.

In addition to this professional dimension, however, there is a feature of the creation of environments that is largely absent in other aspects of design. It is the one area of practice that on some level can involve very large numbers of people in design decisions: namely, in their home. The majority of any population are not involved in the design of the products or communications that surround them, but the domestic environment is still the prime sphere in which it is possible for people to take design decisions on their own terms. The research of Csikszentmihalyi and Rochberg-Halton, mentioned at the end of Chapter 3, concluded that people invest objects with personal meaning. With environments, this potential for creating personal meaning can not only be invested in existing forms, but can be actively involved in changing existing environments into preferred states. A significant manifestation of this trend is the availability of an expanding range of do-it-yourself products, publications, and television series, providing the means and information for anyone who wishes to transform a personal environment into a mirror of his or her needs and aspirations. The results may sometimes be bewildering. Excesses, such as plastic, imitation wooden beams stuck on to suburban living-room ceilings, or gold-coloured rococo decoration sold by the yard to be applied to the surfaces of plastic-covered synthetic-board furniture for bedrooms, can be comical, even grotesque. There is an important principle in this trend, however, which is often overlooked. The design of books, tools, and materials for such activities encourages people to take control over important decisions regarding their personal environments and, at some level, to be creatively involved in the realization of their ideas. The concepts and techniques involved are not particularly difficult and are within the competence of most people. Although self-appointed arbiters of taste might find the results of these activities easy targets for derision, they provide a significant example of how design can have an enabling function, facilitating participation by a broad population, in contrast to the more remote generation of professional solutions.

Interestingly, the situation is somewhat different in the USA, where the American Society of Interior Designers had over 30,000 members in 2001, with a substantial proportion specializing in residential design, and with close links to manufacturers of design-related products and services, such as textiles, wallpapers, furnishings, and fittings. In addition, most large furniture and department stores in the USA offer the services of professional designers in their employ to customers requiring assistance in purchasing. One Chicago furnishing retailer alone advertises the services of 200 designers available to customers. The proportion who pay to have their home planned is therefore much higher than in Europe, for example, where, in comparison, the Association of Dutch Designers has 180 members in the category 'environmental designers'. On a population basis, the Netherlands, a prosperous country and an example of design consciousness, has one interior designer per 89,000 people in comparison to one to 8,700 in the USA. One estimate is that a third of American homeowners turn to professional advice in some form in decorating their home. The possible reasons for this are many, among them, the influence of a mass culture that deskills the population by emphasizing comfort rather than activity, which furthers penetration of the culture by commercialized services, and, more recently, longer working hours by both married partners to maintain income levels, leaving little free time for home-making activities.

Within any society the spectrum of individual solutions in home environments makes it difficult to generalize about patterns. What is more clearly evident are sharp differences between various cultural and geographical circumstances. This can include such factors as whether homes are owned or rented, whether provision is predominantly in the form of houses or apartments, and the amount of space available or considered appropriate for domestic environments.

Again, the USA is an exception, the size of homes having doubled since the Second World War. To a considerable extent, this mirrors the extended range of possessions and facilities considered essential and needing to be accommodated. In terms of global comparisons, so much space is available that little thought needs to be devoted to the precise details of the functional hardware. American appliances such as washing machines, refrigerators, cookers, and bathroom fittings, for example, are large and generally old-fashioned in form and technology, yet inexpensive compared with those designed for European or Asian markets. In the average American home they can be absorbed into the spatial pattern without substantial thought about how they must be used in relation to competing needs. Multiple bathrooms are not unusual, separate laundry rooms are standard, and, if equipment lacks sophistication, there is the compensating factor of widespread access and affordability.

In comparison, the average Japanese home is tiny compared to those in America and requires detailed thought to accommodate a growing range of desired functions within very limited confines. Consequently, the design of both individual elements on the market

18. Expansion or concentration of the footprint?: American and Japanese bathrooms.

and their internal arrangement in the domestic environment is subject to very different pressures. Bathtubs in Japanese homes are often small, for example, intended for a seated or crouched posture, rather than lying recumbent – communal bathhouses giving more space are not uncommon. Toilet and bidet functions are often incorporated into a single pedestal and controlled electronically. Similarly, instead of separate, large washers and dryers, the two functions are combined and miniaturized. Refrigerators are also small but technologically advanced, while cookers are broken down into small modular units to be fitted more easily into kitchen wall storage systems. The latter point also illustrates that spatial limitations force the axial emphasis in Japanese homes to a vertical rather than a horizontal plane – they have to stack instead of spread. In addition, it is still usually necessary for many functions in Japanese homes to be organised on the basis of convertibility rather than in terms of dedicated space and equipment – for example, with living spaces switching to sleeping spaces and back again.

Within the framework of such general cultural differences, however, the home is still in most countries the one location where anyone can organize an environment to match his or her personal lifestyle and tastes, in a manner not available elsewhere. Although there are, of course, innumerable pressures to follow the fashions manifested in 'style' magazines, manufacturers' advertising and retailers' catalogues, the ability to personalize a space and inject it with meaning remains one of the major outlets for individual design decisions.

In contrast, an overwhelming majority of decisions on how workspaces are organized are made by managers and designers, and the people who work in them have to live with the consequences, with few possibilities for modification. As the twentieth century progressed, concepts of appropriate layouts for manufacturing plants and offices changed in response to changing perceptions of work and its management. With the rise of large corporations in the early part of the century, the ideas of Frederick W. Taylor and his successors in the Scientific Management movement were dominant. The ideas of Taylor and his followers were an effort to assert management control over work processes by imposing standardized procedures. He advocated finding 'the one best way' for any task and the main tools in organizing workers to fit this pattern were time-and-motion studies. Factory workers became subordinated to manufacturing sequences planned in every detail to maximize efficiency on the basis of mass production. Office workers sat at desks arrayed in uniform ranks, similarly organized and controlled in a strict hierarchy. In some bureaucratic systems, the position and size of desk and chair perceptibly changed with each increase in rank. In both factories and offices work processes were focused on the completion of highly organized functions for known problems and processes.

From the 1960s onwards, some companies began to experiment with looser systems of management, in which, within an overall emphasis on leadership rather than control, workers were encouraged to interact in teams and contribute more actively to processes. In some major Japanese companies, for example, worker contributions to manufacturing processes resulted in huge savings and improvements. The organization of factory spaces reflected this emphasis, with features such as areas of comfortable seating on the factory floor where workers could meet regularly and discuss their work. Such innovations made a substantial contribution to the competitive success of many Japanese companies. A parallel development in offices was in terms of a concept known as 'office-landscaping', in which layouts became more flexible, with widespread use of partitions to provide a blend of privacy and accessibility in the similar context of ideas about greater worker participation.

As with developments in all areas of design, this sequence in the evolution of ideas has been adopted erratically and all these stages of work organization can still be found, particularly when viewed on a global basis. Even with new technologies, old Taylorist concepts in their worst form can survive. Some companies providing services such as typing documentary information into computers are organized in spaces without windows, to avoid unnecessary distractions, with desks in rigid ranks. Video cameras behind the workers monitor every word and move and computer key-strikes are counted to ensure workers maintain a specified work rate. As in so many instances, the influence of technology does not lead in any specific direction, but is shaped and manifested on the basis of the values informing its application.

The potential for flexibility in many modern technological developments, however, also has many positive aspects that have been widely explored. In contrast to developments in manufacturing plants, Japanese offices can still be crowded, with ranks of steel desks reflecting hierarchical attitudes and the general shortage of space in the country. From the late 1980s onwards, however, construction of a spate of 'smart' buildings was completed, which sought to explore the potential of new electronic technology. The Tokyo City Hall, completed in 1991 to the designs of Kenzo Tange, for example, had twelve supercomputers, with others added later, incorporating sensors that could calculate human activity and automatically adjust lighting and heating levels. They also controlled security, telephone circuits, fire doors, and elevators. The offices typically had partitioned spaces and warm but muted colours. Smart cards gave the 13,000 employees access to offices and could be used for purchases in restaurants and shops in the complex. This was all a great improvement in terms of operating efficiency on previous environments, but did not represent a major advance in concepts of office work.

Some Japanese companies, however, were experimenting with new possibilities opened up by the concept of smart buildings. Research into working patterns showed office workers in Japan typically use their desks for only 40 per cent of the working day. Searching for greater efficiency, some companies introduced more flexible systems of working. Employees might sit at different desks according to the type of work being done to facilitate interchanges with colleagues. Using smart cards, their personal telephone could be routed to any desk.

All this was but a short step to transferring work out of the office. Companies like Shiseido Cosmetics devolved much of its sales activities in the early 1990s, enabling employees to work from home or regional offices, instead of spending up to four hours a day in long and exhausting commuter journeys at peak hours. Equipped with laptops capable of connection via mobile telephones to the company's main computer, salesmen could instantly access vital information for customers on such matters as availability, prices, and delivery.

While such developments brought many benefits, new problems also rapidly emerged. Devolving work undoubtedly created space savings and thus a reduction of high rents in city centres, but there was still a necessity for employees to work in central offices, even if on an occasional basis. This was particularly true of consulting firms, where many employees spent large amounts of time with clients and might only be in their home office for one day a week, or even one day a month. Many larger companies in the USA, such as Deloitte & Touche, Ernst & Young, and Andersen Consulting, began experimenting with a practical solution known as hotelling.

Basically, this is a space-sharing plan, by means of which workers can contact their home office electronically, reserve a space for a particular time span, and even order food and drink. At the office, personal telephone numbers and computer lines are routed to a reserved desk. A functionary known as a concierge is responsible for installing a wheeled cart containing personal files at the desk and ensuring that all necessary equipment, stationery, and materials are available. Even items such as family photographs are sometimes set up prior to arrival. On the worker's departure, files are packed in the cart for return to storage, supplies are replenished, the space is cleaned, and it is ready for the next user. The analogies with how a hotel functions are obvious.

Many workers initially had problems with this transient pattern of working, which required radical changes in behaviour and attitudes. It rapidly became clear that such solutions would overcome feelings of deprivation by workers only if levels of investment in technology, particularly software, and support activities were substantial.

The advertising company TBWA/Chiat/Day was an example of the dangers of wholesale change that was not completely thought through. In the early 1990s, it embarked on one of the most extensive experiments in hotelling, which resulted in highly publicized problems. In its Los Angeles and New York offices, the company pioneered large-scale experiments in what was know as 'the virtual office'. After a short time, however, employees rebelled against the pattern of constant circulation, which was increasingly regarded as an unnecessary disruption, and began to claim spaces of their own. In coping with the problems of continuous change in their business environment, it seemed that people needed a haven of stability and security.

Awareness of the imperatives of change in the business world is, of course, behind the search for new environmental patterns. Many managers, particularly in successful companies, are aware that, in an age of profound change, perhaps the greatest risk is complacency. In particular, with the explosion of information technology, it is clear that the amount of data and information available, which is increasingly exponentially, is of value only if interpreted and applied creatively. Such trends in management thinking are heavily reinforced by changes in manufacturing technology away from mass production towards flexible manufacture for niche markets combined with greater emphasis on attention to services. The result is a new emphasis on innovation as a primary necessity for competitive survival, which hinges, above all, on creativity. This in turn requires employees to be active participants in work processes, bringing their knowledge and experience to bear on problems in rapidly changing circumstances that have few precedents. The result is a move to replace organizational hierarchies and environments that inhibit interaction and communication, with new environments that encourage interchange in a flatter organizational structure, with a careful blend of private and common spaces. Ideas are generated and creativity stimulated, it is believed, through interaction and personal contacts, often on a casual, informal level.

If corporate strategy emphasizes such a culture of new ideas and products, the challenge now in designing work environments and their equipment and furnishings is how to provide a spatial organization that stimulates interaction and dynamic creativity. The outcome of this complex fusion of ideas emphasizing innovation is to create office environments that are small communities, with a very high degree of potential interaction between disparate elements of an organization.

Learning from its early experiences, in 1999 TBWA/Chiat/Day opened new offices in Los Angeles in a former warehouse with 120,000 square feet of space, designed by Clive Wilkinson. This reflected an interesting change of approach, from the concept of transience implicit in hotelling, to a concept of a community capable of flexibly encompassing different work patterns. The problems of the earlier virtual-office experiment were overcome by giving each employee a personal workstation, but employees also spend a substantial amount of time working in teams in spaces dedicated to major client accounts. The community concept is evident in elements such as neighbourhoods of workstations, a Main Street running through the centre of the space, and Central Park, an area dotted with ficus trees, as a place to relax. The idea is to provide a combination of private, team, and communal facilities on a highly adaptable basis, reflecting the changing nature of

19. Officescape as community: TBWA/Chiat/Day offices in Los Angeles by Clive Wilkinson

accounts held by the company, with the intention of encouraging informal contact and interchange.

A direct contrast to the idea of interior space as adaptive neighbourhood is another characteristic development of modern life: the exponential growth in standardized environments. In archetypal form, these originated in the USA but have since extended to many other countries. Early examples could be found in up-scale markets, such as the growth of the Hilton hotel chain to global prominence, based upon a concept that all their premises should be constructed to a standardized format, intended to enable travelling executives to feel immediately a sense of continuity and familiarity, whatever the location.

The greatest impact of this principle, however, has been through its subsequent spread downmarket on a huge scale. Among the most characteristic sights of innumerable small town and suburban areas of the USA are the 'strip malls' that fill roadsides for miles at a time. These are simply shops, restaurants, and services decanted from earlier concentrations and now spread in seemingly disorganized fashion along main roads, but with easy access for motor vehicles. Within the confusion, however, a high degree of recognition of particular companies exists, especially fast-food franchises. The buildings for, say, McDonald's, Pizza Hut, or Burger King follow a similar pattern across the country, indeed around the globe, which is instantly recognizable. Whatever the specific spatial dimensions of an individual site, the decoration, furnishings, and fittings also provide an immediately recognizable pattern for customers. Similarly, their menus offer highly standardized fare at accessible cost. The role of design, therefore, becomes that of providing a complete template across all activities and design elements, adaptable in detail to particular sites around the world, but always within the framework of overall standards.

In the United Kingdom or Europe, where space is more limited and planning controls have largely restricted such sprawl, main

20. The landscape of assertion: US strip malls

shopping streets show a similar repetitive pattern, as the same combination of chain stores and food franchises takes over in city after city. The interiors of such diverse companies as Boots, W.H. Smiths, Mövenpick, or Wienerwald restaurants follow standard guidelines, and, again, embody a familiar pattern, and much the same products, whatever the location.

Another commercial trend influencing many aspects of design during the 1990s, and particularly influential in some categories of environments, was an emphasis on 'experience' or 'fun' – there were even job descriptions in design firms for 'experience architects'. This was part of a wider trend for more and more areas of life to be subordinated to the imperatives of mass entertainment, whether in television or news publishing, in sports such as football or wrestling, in shopping, or in eating out.

British pubs have long been subjected to development as 'theme pubs', as breweries have bought out independent owners and have sought to maximize trade by appealing to particular trends. Some, for example, try to recreate the feel of Victorian forerunners by such means as embossed wallpaper and cast-iron tables. The Irish brewing company Guinness provides a kit of reproduction items such as nineteenth-century packaging and posters to furnish the rash of 'authentic' Irish pubs that have emerged in major cities around the globe. Yet modern technology also offers the potential of micro-brewing, of beer brewed on the premises, with a highly individual character, in contrast to the standardized products of major brewers.

Similar dichotomies are observable in restaurants. It is still possible in many cities around the globe to find good food served in simple surroundings with unassertive service, as a setting for gastronomic pleasure and conversation. In the USA, however, a growing trend is for restaurants to be designed in terms of a particular theme, say, Italian or Vietnamese, with the service staff regarded as performers following a routine. Eating or drinking in such establishments is not allowed to be an improvisational social experience; instead diners are subordinated to routines under the rubric of entertainment. A synthetic nostalgia can often be a strong element in this emphasis, as in the extreme example of so-called medieval banquets, whose claims to historical veracity are as dubious as the 'authentic fayre' they serve, such as broiler chicken on wooden platters.

Neither is the function of shopping immune from such trends. A similar spectrum of provision exists, running from what are basically warehouses filled with goods sold on the basis of cost, such as the American retail chain Toys 'R' Us, to highly designed environments invoking the mantra of entertainment, such as the Niketown concept, basically a theatre of consumer testing. The first of such premises was opened on Michigan Avenue, the major shopping street of Chicago, by the sports goods manufacturer Nike. It was intended, not as a place to sell products necessarily, since the company's products are still overwhelmingly sold through general trade outlets, but more as a promotional showpiece and test-bed, enabling potential customers to explore the company's range of

21. Shopping as theatre: Niketown, Chicago

sports shoes, clothing, and accessories and enjoy themselves while doing so, while their reactions to new introductions were gauged.

The emphasis on providing an 'experience' opens up the design of environments to a bewildering array of forms and themes that are sometimes whimsical and can arbitrarily change with great rapidity. In this process it is easy to overlook the more prosaic but equally vital needs of people in often unfamiliar and sometimes bewildering surroundings. As with all aspects of design, environments are becoming more complex – consider a modern airport such as London Heathrow or Tokyo Narita, which requires more systemic approaches to solutions.

Chapter 7
Identities

Objects and environments can be used by people to construct a sense of who they are, to express their sense of identity. The construction of identity, however, goes much further than an expression of who someone is; it can be a deliberate attempt by individuals and organizations, even nations, to create a particular image and meaning intended to shape, even pre-empt, what others perceive and understand.

On a personal level, in the world of artifice we inhabit, one of the primary transformations available is of ourselves. For many people, personal identity is now as much a matter of choice as it is an expression of inherited or nurtured qualities, even to the extent of physical transformation – the number of people and amounts of money spent in the USA on cosmetic surgery of one kind or another are reaching staggering proportions. On a less drastic but no less powerful level, advertising continuously exhorts us to be the person we secretly want to be, with images of what we could or should be, a transformation ostensibly achieved simply by buying the proffered product.

The commercialization of personal imagery as a trigger for consumption has resulted in some curious effects as it has spread across the globe. It is possible, for example, for teenagers in Japan simultaneously to manifest characteristics imbued by an education in the national tradition, and to identify with other teenagers around the world in such matters as clothing, make-up, food, and music. In other words, it is possible to be at the same time a member of one culture and a member of one or more subcultures that might have little in common with the dominant form.

While such influences penetrate ever more widely around the world, another transformation is resulting from very large numbers of people migrating to more prosperous countries in search of a better way of life. Modern technology, such as satellite communications, small-scale printing technology, and the Internet, can enable people to be simultaneously functioning citizens of a host society and members, perhaps, of some professional subculture, such as medicine or architecture, while still maintaining intact in homes and localities what they consider to the essential culture of their origins.

Again, how this works for individual people is largely a matter of choice. While the reach and flexibility of modern communications makes it possible for migrants to stay easily in contact with a distant home culture and so sustain and reinforce their original sense of identity, they simultaneously slow any need to assimilate and come to terms with the very different conditions of the host culture. It can create a sense of richness and diversity in the host country, but obvious differences, visual differences in particular, can also become an easy target for resentment.

Another facet of the construction of identity stems from the large number of nations created by decolonization since the Second World War or freed by the collapse of the Soviet Empire in the late 1980s, resulting in a search for symbols to express the sense of new-found independence. Mythical and often aggressive creatures from heraldic sources – eagles, lions, and griffins – are frequently juxtaposed on coins and banknotes with images of bounty, such as smiling maidens in folk costume, bearing sheaves of grain. Here

22. **Inventing tradition: the national identity of Slovenia**

too, identity is seemingly a matter of choice from a range of possibilities.

Even in older established nations imagery can erupt as a matter of concern. Redesigns of the female figure of Marianne, the symbol of France, inevitably stimulate a barrage of passionate argument. Among the most bizarre features of the United Kingdom as the twentieth century faded were proposals to 'rebrand' the national image, of how the country was viewed by foreigners, in terms of a more up-to-date concept of 'Cool Brittania'. The resulting altercation – the term 'debate' would exaggerate the level of exchange – between dyed-in-the-wool conservatives defending the status quo, and those advocating a marketing-based model that everything should be changed to be 'cool', was inevitably inconclusive. Perhaps the fatal mistake of the advocates of rebranding was a failure to understand that commercial ideas cannot just be dropped into other contexts and expected to succeed. Arrogant assumptions that the world of business is the 'real world', as it is frequently termed, and its concepts thus a model for the whole of life, rest on gross oversimplifications. In practical terms, it is far harder for any government to control all the aspects of a society, even under a dictatorship, than it is for a commercial corporation to establish control over its product and services and so establish a brand.

Disputes about national identity may be bizarre, but there can be little doubt of its power to motivate, even in industrial countries when there seem few causes left to engage people. Another example from the United Kingdom in the 1980s was a profound reaction to the introduction of new telephone kiosks, following the state-owned telephone services being privatized as British Telecom. BT set out to define its independent status for the populace by replacing the long-established, bright-red telephone kiosks across the country. A new version, basically a glass box, was bought off-the-shelf at low cost from an American manufacturer. The new kiosks were claimed to be more efficient, which in many respects they indeed were. The models they replaced, however, had been used since 1936, becoming a distinctive icon of British identity, widely used on travel posters and tourist publicity, and the decision generated an astonishing outburst of public outrage. British Telecom has since commissioned several redesigns of their kiosks, but without ever entirely mollifying resentment at the removal of a very familiar and unique element of the cultural landscape. Such reactions to change may be based on nostalgia, with, in this case, more than a leavening of irrationality, but the problems are real.

The influence of cultural differences on design practice is one of the most profound problems thrown up by the growth of globalization. Problems arising from cultural differences can be a minefield for companies with ambitions to extend markets. The American appliance company Whirlpool had to learn how to evolve a global/local approach to product development on the basis of product concepts adaptable to different countries. With a lightweight 'world washer' introduced in 1992, it was necessary to

23. Defending tradition: old and new BT telephone kiosks

accommodate washing 18-foot-long saris without tangling in India, and to add a soak cycle for Brazil to cater for the local belief that only pre-soaking can yield a really clean wash.

In contrast, Gillette has been highly successful on the basis of a belief that cultural differences have little effect on shaving. Instead of spending millions to alter its products to suit the tastes of different countries, Gillette treats all marketplaces the same and tries to sell the same razor to everyone, a strategy that has been widely successful. The factor of culture is obviously linked to the specific patterns of how particular products are used. General, global patterns may be applicable to some products, particularly the simpler functions, but others may require detailed adaptation. Demand for specifically different products may even be a factor in some markets.

A dilemma in designing across cultural boundaries, therefore, is the extent to which cultural identity is fixed or is capable of change. The problems of miscalculation can be severe, as is attested by widespread reactions in the name of protecting cultural identity against the patterns of cosmopolitanism, and particularly the freer flow of trade and communications characteristic of globalization.

Two points are worth emphasis in this context. First, there are enormous opportunities to affirm the particularities of any specific context and to design for them in ways not obvious to global organizations. In Korea, refrigerators are designed to accommodate fermenting kimchee, a traditional, spicy, pickled cabbage indispensable to Korean cuisine. In Turkey, the dolmus, a small minibus, is used for very flexible public transportation, even door-to-door. When expensive imported vehicles were found ill-suited to local needs, an industry emerged that developed models suitable for local conditions, to the extent of customizing a dolmus to the needs of any particular operator.

Secondly, while penetration of markets around the world provokes a need to affirm local identity in terms of specific needs, there is a countervailing need for global businesses to adapt to the enhanced scale and diversity of markets involved. If new possibilities are feasible or desirable, a major question for designers is how to enable people from different cultures to navigate the problems of change. In other words, business should respond to different cultural needs in ways that improve lives: by designing products and services that are accessible, appropriate, understandable, and pleasurable, in ways they can absorb into their pattern of life. Cultural identity is not fixed, like a fly in amber, but is constantly evolving and mutating, and design is a primary element in stimulating the awareness of possibilities.

Above all, the agency that in design terms dominates discussion of identity is the modern business corporation, which spends huge sums of money on projecting a sense of what it is and what it represents. Corporate identity has its origins in military and religious organizations. The Roman legions, for example, had a very strong visual identity, with uniforms and eagle-standards bringing coherence to a body of men, as an expression of their common discipline and dependence. The first modern example was the Spanish army of the seventeenth century, which similarly introduced standardized dress and weaponry to enhance its feared reputation. On another level, the Catholic Church has probably the longest continuous organizational identity, based on the Imperial Roman hierarchy and clearly apparent through visual means, such as regalia and insignia.

Prior to industrialization, most business units were very small; even those with ten to fifteen people were considered to be of substantial size. Only a few businesses, such as shipyards, employed larger numbers. By the nineteenth century, with the evolution of large business enterprises, often spread over wide geographical areas, a need evolved for some common identification amongst employees that could also be projected to the public. The Midland Railway, a major company in Britain, for example, had 90,000 employees by the late nineteenth century and, through liveries for its rolling stock, typographic and architectural styles, and uniforms for employees, brought an overall coherence to its far-flung operations.

The emergence of mass manufacturing in the early twentieth century confirmed the dominance of big corporations. In 1907, the architect and designer Peter Behrens was appointed Artistic Director of the German electrical giant Allgemeine Elekrizitäts Gesellschaft (AEG), with total control over all visual manifestations of corporate activities. In this role, he was responsible for the design of buildings, industrial and consumer products, advertising and publicity, and exhibitions. A typeface he designed was used for the corporate logo of the company initials, brought unity to all printed matter, and is still the basic element of the company's visual identity.

More recently, Olivetti and IBM evolved as model examples in the period after the Second World War, although in very different ways. Olivetti, manufacturing a range of electrical and later electronic equipment in Italy, developed an approach in which consistency was not an essential ingredient. Instead, a number of distinguished designers were recruited, including Mario Zanussi, Mario Bellini, Ettore Sottsass Jr., and Michele de Lucchi. The company gave them substantial freedom and extensive support in their work, relying upon each particular item being an outstanding design in its own right, in the belief that the overall image of the company would thus be of continual creativity rather than conformity. Even the corporate logo changed with remarkable frequency. A remarkable feature of Olivetti policy was that the company did not employ designers on a full-time basis, but insisted they spend half their time working outside the company in order to stimulate creative vitality.

At IBM, designers of great ability were similarly used – Paul Rand, Charles and Ray Eames, Mies van der Rohe and Eliot Noyes, to name but a few. In contrast to Olivetti, however, the pattern was more tightly structured, with strict guidelines and standard specifications within which products and publications were designed. For a time, even employees were expected to conform to a dress code considered a desirable aspect of the overall corporate image.

By the early 1990s, Olivetti had serious problems in adapting to new technologies and products and the role of design in the company diminished. Ultimately, not even a stream of brilliantly designed products and communications could save the company from the consequences of inadequate responses to change – underlining the fact that design alone, no matter how outstanding, cannot guarantee business success. IBM was similarly hit by the emergence of highly competitive personal computer manufacturing companies, but maintained high standards in its design guidelines. In the 1990s, it began to regain ground and once again generated notable products, such as the Think Pad portable computer designed by Richard Sapper in 1993, and the Aptiva desk-top models. These were statements of intent that the company was still a major player, with design as an integral element of how it projected itself.

Although many identity programmes have evolved over a long period and have been incrementally updated while retaining an original flavour, such as the scripted Ford logo, it is sometimes surprising how rapidly other images can become established. One of the companies creating problems for IBM in the early 1980s was Apple, which under founder Steve Jobs evolved a striking corporate identity, with a rainbow-coloured apple logo and a commitment to design in all aspects of business. The Macintosh personal computer set the standard for ease-of-use in interface design, and even its packaging was exceptional. The box in which the Macintosh was delivered was so intelligently designed, with each item sequenced with clear instructions on where it went and how it connected, that unpacking was synonymous with successful rapid assembly and readiness for use. Subsequently, although the competitive position of Apple has fluctuated in what is the most volatile of industries, the commitment to design and innovation has remained substantial and integral to how it projects itself.

Identities have been even more rapidly established with the advent of electronic commerce using the Internet. It is often overlooked, however, that corporate identities, while profoundly important in creating a sense of instant recognition, and indeed trust, among prospective purchasers, can succeed on a sustained basis only if a distinctive visual image is underpinned by commitment to quality in products, operations, and services. This point is, if anything, even more true of service organizations. Federal Express, for example, founded in 1973, opened up a new market for the air freight of documents and packages. Twenty years later, with a fleet of over 450 aircraft and some 45,000 vehicles delivering around the world, the company realized its original logo did not reflect the reputation it had built for speedy and reliable service. Landor Associates was asked to suggest changes. A decisive point in the process was the realization that the company had universally become known as FedEx – indeed, the term was even used as a verb – and it was this that was chosen for the logo. It enabled a much bolder statement to be made on aircraft, vehicles, signs, and documents, and its simplicity not only communicated with greater clarity, but also cost significantly less to implement in terms of painting and printing costs than the earlier form.

The new identity, however, would have been ineffective had it not been backed up by efficient services, and, to emphasize this point, the roll-out of the new visual identity in 1994 was timed to coincide with another innovation. The introduction of bar-coding made possible a new proprietary software, FedEx Ship, to be made available to customers, with a simple interface enabling them to track or ship their packages. Previously, if customers wanted to know the whereabouts of a package, they would have to telephone FedEx (at the latter's expense) and employees would try to locate it while the phone bill mounted and customers became impatient.

24. Clarity and cost-saving: FedEx redesigned corporate logo by Landor Associates.

The new software gave better service by putting access and control in customers' hands, while saving FedEx substantial sums of money in operating costs.

A new visual identity can also be a signal of a major change of intent in corporate strategy. In the year 2000, British Petroleum (BP) unveiled a new identity programme that featured a dramatic image of a stylized sun-symbol in the long-standing corporate colour scheme of yellow and green, again by Landor. Accompanying advertising signalled a move to a wider pattern of activities, under the slogan Beyond Petroleum. This brought down on BP the wrath of environmentalists, who pointed out that the corporation's business remained overwhelmingly petroleum based. Whether the new image will be sustainable depends in great measure on the behaviour of BP in the future and the extent to which it can be judged against its claims for itself.

Changing a corporate identity can raise huge expectations but sometimes disastrously fail to deliver. The redesigned identity of British Airways (BA), by the London firm of Newell & Sorrell, launched in 1997, cost some £60 million. Its launch unfortunately coincided with a dispute with cabin staff, many of whom went on strike, resulting in cancelled flights, which was unfortunate, to say

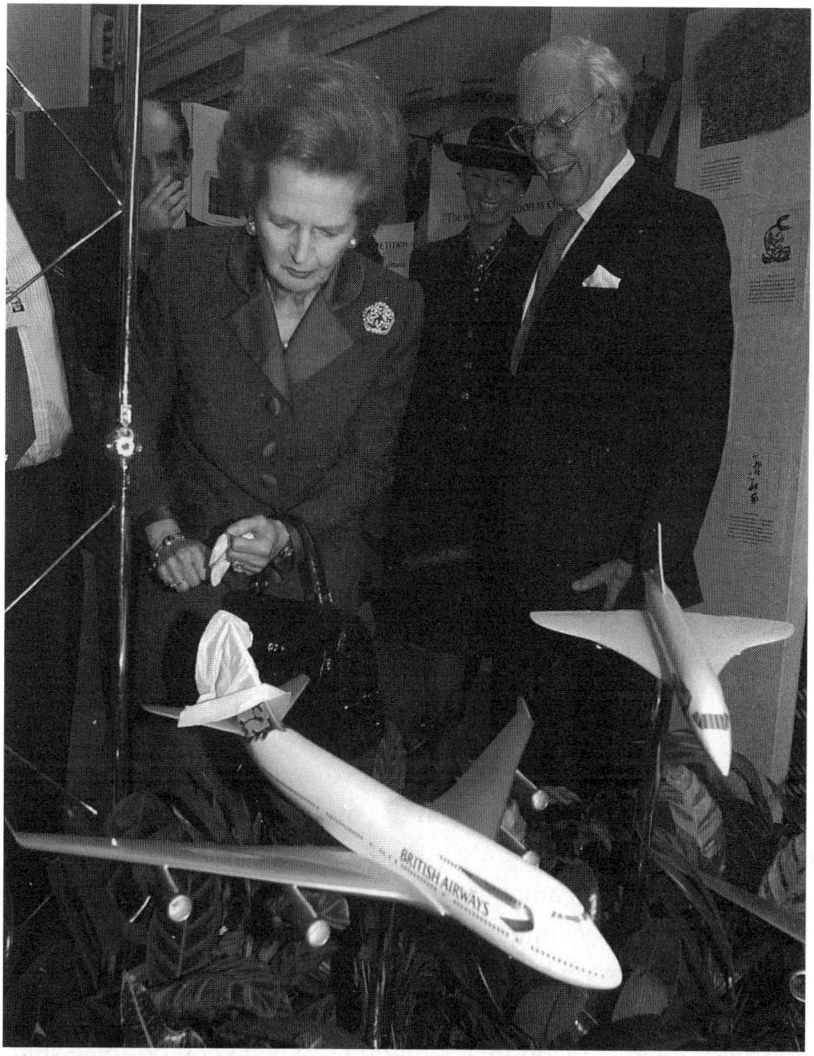

25. The risks of change: Lady Thatcher covering up the new BA identity with a handkerchief.

the least, for a organization projecting the quality of its service. A controversy also arose over a detail of the new identity, a decision to feature ethnic art from around the world on the tails of aircraft in an effort to reposition the carrier as an international, rather than a British, company. The tail art programme received some praise but also considerable ridicule and has since been quietly dropped, with a stylized version of the British flag replacing it. The problem of positioning is a real one, however, since 60 per cent of BA's passengers are non-British. Ironically, despite some farcical aspects of the new identity launch, such as the former Prime Minister, Lady Thatcher, attracting the attention of the press by ostentatiously draping a handkerchief over the ethnically decorated tail-fin of an aircraft model on exhibition, the design programme of BA is one of the most intensive of any of the world's airlines. It has delivered some genuinely successful innovations, such as seats in first and business class accommodation that convert into beds. In reality, the perception of BA in its target markets was in practice better than the unfortunate publicity surrounding the launch.

This illustrates what is probably the greatest problem in the field of corporate identity: a frequent confusion between image and identity. The former refers to the visual imagery enabling customers easily to recognize a particular company, obviously a desirable and necessary function; the latter, however, relates to how that image is understood by customers, or their expectations of the company. Image is a projection of how a company would like to be understood by customers; identity is the reality of what a company delivers as experienced by customers. When the two are consonant, it is possible to speak of corporate integrity. If a gulf opens up between the two, however, no amount of money flung at visual redesigns will rebuild customers' confidence. Put another way, image is credible only when supported by a good product or service. A good product or service, however, does not necessarily require an expensively contrived image. The optimal situation is when good products and services are complemented by consistent communications of high quality and reliability, when identity is the image.

Chapter 8
Systems

The growing emphasis in design on systems of various kinds, in contrast to a focus on dedicated forms, stems in part from an awareness of the growing complexity of modern life, with multiple interconnections and overlaps between elements influencing overall performance. The spread of technical infrastructure systems is basic to modern life, as witness the failures of electricity supply in California that began in late 2000. The role of information technology in increasing awareness of connections between disparate functions (as well as increasing consumption of electricity) has also been profound. On another level, enhanced awareness of the environmental consequences of human intervention in natural systems and of the resultant concepts of ecological, organic relationships is also a contributing factor.

A system can be regarded as a group of interacting, interrelated, or interdependent elements that forms, or can be considered to form, a collective entity. The collective quality in its relationship to design can be manifested in various ways. Different elements can be combined in ways that are functionally related, as in transportation systems; by a common network of structures or channels, as in banking or telecommunications systems; or as a coherent structure of compatible elements capable of flexible organization, such as modular product systems. A further characteristic of systems is that the pattern of interrelated ideas and forms requires principles, rules, and procedures to ensure harmonious, orderly interaction. This requires qualities of systematic thinking, which infers methodical, logical, and purposeful procedures.

When designers have approached the problems of such systems in terms of formal, visual solutions, carrying over approaches to less complex tasks, these have often failed dismally to address the real problems of adapting to new requirements. As so often in history, new technologies tend to be defined initially in old forms and a transition period often seems to be necessary before new forms are evolved. Typical examples are the horseless carriage before it developed into the automobile, or desk-top computers, basically a television screen and a typewriter keyboard, which still await resolution. This is certainly the case with many systems which have tended to evolve in response to practical needs in the first instance, and only subsequently evolved to a level where they were considered systematically. Initially, cars existed in isolation, needing to carry fuel for long journeys and with personal owners responsible for repairs. Outside cities they ran largely on unmade roads. Only later did a systematic approach to road construction and maintenance, information systems, and support systems such as those providing repairs, fuel, and refreshment come into being. It took half a century for coherently planned systems of high-speed roads, variously known as autobahns, motorways, or freeways, to become an accepted component of motorists' expectations.

In addition to the physical aspects of systems, information obviously plays an important part in communicating to users. One particular feature of road networks – road signage – illustrates some key features of design in a systems context. Each directional sign on a road network gives specific information in relation to the particular geographical point at which it is located and connections therefrom. They are not individually designed, however, but instead conform to a standard specification determining the size of each sign, the typeface and symbols used, and the colours in which they are displayed. In the United Kingdom, for example, motorway signs

2902.1
Direction to a motorway at the junction shown, indicating route number

2903
Motorway junction ahead, identified by the number shown on a black background, leading to the destination and route shown. The number of lanes on the motorway remains the same through the junction

26. Defining standards: British road sign system templates, UK Department of Transport.

are blue with white letters; other major roads use dark green with yellow letters indicating road numbers and white letters for place names; for minor roads, signs are white with black letters. The format of signs is therefore strictly standardized to enable rapid recognition. Each sign gives highly specific information coded in a manner that can simultaneously be related to the system as a whole. The purpose of such a system is to give clear information about the consequences of taking a particular turning or direction, but leaving users to decide on exactly where they wish to go. It should be added that compatible, not necessarily identical, systematic approaches to other forms of information, such as maps or on-board directional computers, are also crucial to users' ability to navigate the system.

Directional signs are also supplemented with a system of roadside signs using symbols and pictographs covering a wide range of other purposes. International standards, as in Europe, have in some cases been established for this category. An important basic distinction is between communications requiring compliance and those facilitating decision making – between 'No Entry' or speed restriction signs, intended to prevent or control action, and those warning of potential hazards or problems, such as indicating school crossings or sharp curves in the road that require decision making by users.

Above all, the effectiveness of any system will depend upon its overall coherence, with clear standards enabling users rapidly to understand and navigate their way through without undue problems. This is particularly true of new systems based on innovative visual conventions requiring a degree of learning and adaptation by users. Computer programs are running into considerable problems in this respect, as designers attempt to create more and more icons intended to serve as a visual shorthand, with inevitable difficulties resulting from overload and lack of clarity.

Transportation provides other prime illustrations of the need for systemic approaches, as in, for example, the subways or mass rapid transit systems typical of many major cities. As with the example of automobiles and road systems, understanding the systemic nature of urban transport systems initially evolved on a piecemeal basis before a detailed concept of it emerged after much trial and error. In this respect, the development of London Transport from the turn of the twentieth century to the Second World War is a key case study. Under the managerial leadership of Frank Pick, the organizational unification of disparate parts led to the establishment of systemic approaches on a number of levels, initially in terms of a common logo, typography, and signage, then to standard designs of trains, buses, and station fittings. Communicating an understanding of the system to users was significantly enhanced with the London Transport map designed by Harry Beck in 1933, a masterpiece of information design. Although not officially commissioned (Beck designed it in his spare time), it has been remarkably successful in enabling people to understand the system as a whole in a clear and unequivocal manner, subsequently imitated all over the world.

What any urban transport system illustrates is that the overall pattern can be broken down into subsystems in order to strike a balance between coordination and specific requirements. On one level are the problems of physically linking places and transporting people between them, which requires technical coordination of diverse elements for effective operation. Typically also, different kinds of vehicles, communications, and environments will be required, and standard approaches to each can provide considerable benefit in operation and maintenance. It is also possible to think of such systems not just in the sense of physical communication, but also as information systems. The latter concept focuses on the standpoint of users and their encounters with the range of functions and services. Observations of patterns of use can enable generic concepts to be established as a basis for common standards to be established across the system for the communication of information.

This can be illustrated by the diversity of forms encountered when

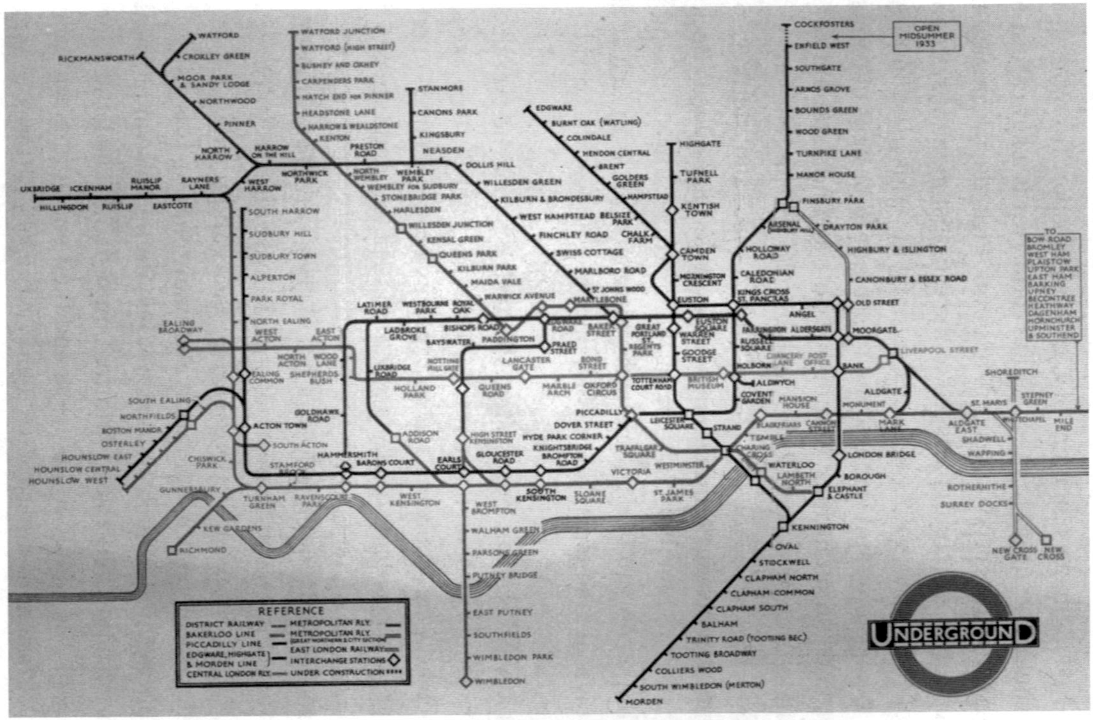

27. A pattern for the world: Harry Beck's London Transport map, 1933

taking a trip on a train or subway. Identifiers indicate the presence of a facility, for example, in the form of a sign over an entrance to a station, which the public can use if it so wishes. Information is provided about services in the form of maps, timetables, and fare tariffs. Instructions will be necessary to enable users to gain access, by buying tickets from automatic machines or from a kiosk. Further instructions will direct users into the facilities, to platforms for trains on various lines or directions. Restrictions will also be a part of the system, such as signs preventing users from entering operational sections, or those forbidding smoking. Further information on trains and identifiers on stations will be necessary to enable users to know when to leave trains. Stations can often be decorated with aesthetic imagery such as murals or mosaics intended to provide diversion and stimulus for travellers, while on the trains themselves, there may be other examples of expression, free-form individual communications, such as prints or poems, among the inevitable advertising. Even propaganda by organizations attempting to compel a shared belief is found. On leaving a train, instructions to make a connection or exit the facility in a particular direction, supplemented by maps of the vicinity, can enable users to become quickly oriented to the environment. The pattern of communications can be complicated in regions where one or more languages are in official use. In the Hong Kong Mass-Transit system, all signage uses English as well as Chinese ideograms.

In addition, of course, there is a similar pattern of environments and objects that interrelate with communication forms to constitute the system as experienced by users. Automatic ticket machines and the trains themselves are examples of the former, while booking halls, waiting rooms, corridors, and platforms are typical environments. The most effective systems in terms of ease of use are those that have patterns of consistency and standardization throughout the system, enabling users to know what to expect and sustaining a sense of security and familiarity. Designing to meet such needs requires the coordination of a broad spectrum of

28. Coping with diversity: Hong Kong dual language road signage

means – signs, spaces, vehicles, sound – that enable users easily to navigate any complexities. The Metro system in Lisbon, for example, has a repetitive pattern on station platforms of grouping together maps of the system set in the context of the city's geography; diagrams of Metro lines, clearly indicating the component elements of the system; and detailed maps of the immediate environment of each station. In the Tokyo Subway, maps of the system follow the London Transport pattern of abstraction and colour-coding for different lines, but take the logic one step further. Station signs and notices for each line are also in the colour of the line, and strips of colour are used along corridors and passages to give guidance to passengers seeking to connect to particular lines.

A particular advantage of such standardization is in the category of communications that embody specific provision for people with disabilities, which can be on the simple level of indicators, signs, and elevators available for people in wheelchairs. On a more complex level are the problems of people who are blind, for whom, of course, visual signage is redundant. The Tokyo Subway is typical of many systems that have adopted tactile means of communication, with stations featuring strips of tiles with raised dimples running along the centre of floor surfaces in corridors, enabling blind people using a stick to find their way. The pattern of tiling, and the feel of it, alter to signal junction points where more than one path is available. Special automatic machines with Braille instructions and buttons to summon help in case of difficulties are positioned at key points to assist in obtaining tickets and navigating the system. The tiles also lead to platforms, where their configuration orients blind users towards the doors of trains. The provision for the blind can indeed be considered as a subsystem within the greater whole.

Other levels of systems approaches in design that have grown rapidly recently are evident in the development and manufacture of products. New problems in this regard have emerged with the spread of globalization and regional economic unification, such as the European Union, which has amplified the need to bridge different markets and cultures.

Globalization, in particular, has placed greater emphasis on the seemingly conflicting demands of achieving economies of scale through greater commonality between products, while at the same time being able to adapt to the detailed requirements of tastes and compatibility in specific markets. This has taken several forms, but underlying them is a shift from standardized products to standardized components that can be flexibly configured to provide a variety of forms and satisfy a range of needs.

Early mass production was highly inflexible and worked most

effectively when producing a standardized product in large quantities. Even variations on a relatively simple level could unduly complicate procedures, such as producing cars for different markets that required, for example, a switch between left- and right-hand drive. One solution was a principle known as centre-line design, which means configuring the design of a vehicle on either side of a central line, enabling it to be flipped to suit the driving practices of any particular market, but even this variance was costly and disruptive.

Design for mass production tends to be for discrete products, the performance of which is defined in a form that integrates specific assemblies for a particular purpose. It is a lengthy process, and this specificity, allied to individual styling, creates differentiation in the market. A new product requires an equally lengthy, and costly, process. Changes in manufacturing technology, however, particularly the trend for flexible production methods to supplant mass manufacturing, offer radically different approaches to design. These have in common a shift in emphasis from finished products to processes by which products can be generated and configured rapidly. A means of achieving this is the configuration of key elements of a product category into standardized components, with, equally importantly, standardized interfaces or connections. This enables systems to be developed that give users greater choice in adapting products to their own perceived needs, a process to which the label of mass customization, seemingly an oxymoron, has become attached.

An early example was the National Bicycle Industrial Company of Japan. It established a system whereby dealers could offer customers the opportunity to specify a bicycle model, for which customers' dimensions could be measured, and their colour preferences and additional components determined. When National received specifications, a computer capable of generating eleven million variants of models printed a blueprint for the customer's bicycle to be produced from a combination of standardized and cut-to-fit parts. The made-to-order model was delivered with the customer's name silk-screened on the frame.

Motorola's organization of pager production in its factory at Boca Raton, Florida, followed similar principles, being estimated to offer customers the capacity to produce some 29 million variants of pager. Production of a customer's model began some fifteen minutes after an order was placed at any point in the USA and it was shipped the following day. An advantage for producers of such just-in-time manufacturing was the elimination of capital being tied up in inventories. For customers, the opportunity to specify the exact details of products they wished to purchase clearly delivered enhanced satisfaction.

In producing printers for widely different markets around the globe, Hewlett-Packard's approach to mass customization has been to focus on delaying any product differentiation until the last possible point in the supply chain, requiring the product design to be integrated with and adaptable to delivery processes. A basic product is delivered to a supply point nearest to customers, and is there configured to meet the specific requirements of the particular context, such as compatibility with the local electrical systems.

Flexible configurations are taken to a further level with the introduction of modular units. This means breaking down the overall structure of a product into essential functional components and interface elements, which are grouped in standard modular units, with further definition of add-on optional elements, enabling a large spectrum of products to emerge. Modularity enables each unit to be tested and produced to high standards of quality, and then be used in variable configurations to generate a flow of products adaptable to different markets or, again, to be customized to the particular specification of individual users. The establishment of modular systems switches attention from the finished product as the essential conceptual starting point to the design of processes within an overall systems concept.

On a fundamental level, a popular example of modularity remains the Lego plastic building blocks for children, developed in the late 1940s by Ole Kirk Christiansen of Billund in Denmark from earlier wooden blocks, which epitomize the astonishing variations possible from a rigidly standardized geometric format.

The origins of modular systems go further back, however, and appeared in designs for unit furniture as early as the first decade of the twentieth century on the basis of standardized dimensions of length, breadth, and height. They became common in the 1920s, enabling unit furniture to be adapted to any size of home or grouping desired by users. By the 1980s, kitchen systems by German companies such as Siematic and Poggenpohl were widely available in Europe. Customers could select a range of modular units to fit their particular space and needs, and a computer simulation could be created at the sales point, with a three-dimensional image showing the final effect and enabling choices on units or colour finishes to be adjusted. Once the choices had been finalized and the order completed, the specification was sent via computer to the factory, where the units would be made to order, again saving on the need for expensive stocks and warehousing.

Modular systems have been very widely used by electronic manufacturers to generate prolific variations of audio and visual products. One of the most spectacular applications of modular systems in this sense, however, has been by Dell Computers, which has harnessed modular designs to the potential of the Internet as a communications device, to define new dimensions of competitiveness. The company web site allows buyers to use the Internet or telephone to order a computer to their specification, which is then built to order from an array of modular components, allowing customers to follow its progress through to delivery. The savings for the company from not having components locked up in large inventories have been huge, which makes it possible to establish substantial price advantage.

29. Diversity from unity: Siematic modular kitchen system

A further elaboration of such procedures is the concept of product platforms. These platforms group modules and components to serve a basic functional purpose, from which it becomes possible rapidly to develop and manufacture a variety of product configurations. This enables a basic idea to be modified rapidly in response to changing market or competitive conditions. A successful example was demonstrated by Sony after the initial favourable reception of its Walkman, launched in 1979, with the development of a basic functional module and an advanced features module. Each was the basis of warding off competition from followers, enabling a rapid succession of models to be launched to test a wide variety of applications and features at different levels of the market.

While Sony used platforms to stay ahead, Kodak used them to catch up in its response to the introduction in 1987 by the Japanese company Fuji of a single-use 35mm camera. It took Kodak a year to develop a competitive model, yet by 1994 it had captured 70 per cent of the American market. Although a follower in this particular category, Kodak launched more products, more cheaply, than Fuji. Again, a platform concept was the basis of this success, with economies yielded by common components and production processes, on the basis of which a series of such cameras could be launched rapidly onto the market.

In 1995, the Ford Motor Corporation embraced the platform philosophy when it embarked on a long-term programme of restructuring the company as a global organization. Product development was henceforth to be focused on vehicle types on a global basis, rather than specific vehicles for particular markets. This was intended to reduce product development costs, which in the auto industry have reached staggeringly high levels and can be justified only by markets of global dimensions. A platform product approach would enable Ford to manufacture components anywhere in the world wherever they could be most cheaply and efficiently produced, as the basis of a range of standard vehicle concepts. These in turn could be the basis of differentiated adaptations for particular markets, which could be rapidly developed as specific needs were identified.

These systems of development and design resolve the apparent contradiction between the need to manufacture products in high volumes economically and the desire to tailor them to meet the needs of individual customers. The aim is to exploit the juxtaposition of distinctiveness and commonality to deliver specific solutions through a cost-effective production system.

Other advantages of such approaches can be seen in the possibilities offered to provide greater value to users in terms of follow-up services. When Canon first produced its small personal copiers, it lacked a chain of service outlets. The problem was resolved by designing printing ink refills in combination with elements needing frequent servicing in a common module. Effectively, every time the ink was renewed, the machine got a new engine, so drastically reducing the need for repairs.

Perhaps the greatest challenge facing designers, however, is the need for greater compatibility between the artificial systems generated by human creativity and the systems of the biological world, the result of millennia of evolution. If we can understand the nature of systems in terms of how changes in one part have consequences throughout the whole, and how that whole can effect other overlapping systems, there is the possibility at least of reducing some of the more obvious harmful effects. Design could be part of a solution, if appropriate strategies and methodologies were mandated by clients, publics, and governments to address the problems in a fundamental manner. Sadly, one must doubt the ability of economic systems, based on a conviction that the common good is defined by an amalgam of decisions based on individual self-interest, to address these implications of the human capacity to transform our environment. Design, in this sense, is part of the problem. It is a subsystem within wider economic and social systems and does not function independently of these contexts.

Chapter 9
Contexts

In broad terms, three areas of contextual influence are relevant to design practice: the professional organization of design, or how designers view themselves; the business context in which a majority of design practice is located; and, in addition, the level of government policy, which varies between countries, but in many can be a significant dimension.

Mention has already been made of the fact that design has never evolved on the level of a major profession such as architecture, law, or medicine, which have self-regulating rights that control entry and levels of practice. Indeed, such is the diversity of design practice and the variety of work involved that it is in fact doubtful if design should, or even could, be organized on this basis.

Nevertheless, professional societies have been formed in a great number of countries to serve a particular specialization or a general grouping of design capabilities, and these can represent the interests of designers to governments, industry, the press, and public, and provide a forum for discussion of issues relevant to practitioners. These may be skill specific, as with the Industrial Designers Society of America, or the American Institute of Graphic Arts, or more general, as with the Chartered Society of Designers in the United Kingdom. There are also international organizations that hold world congresses where design issues across boundaries can be addressed.

Design organizations may make statements on how they view their work, and make recommendations about standards in practice, but the reality is that decisions about such matters are not taken by designers alone. Apart from private experiment and exploration for their own interest, a necessary function in sustaining creative motivation, most designers rarely work for or by themselves: they work for clients or employers, and the context of business and commerce must therefore be viewed as the primary arena of design activity. Ultimately, these clients or employers have the major voice in determining what is possible, feasible, or acceptable in design practice. Business policies and practices are therefore fundamental to understanding how design functions at the operational level and the roles and functions it is able to play.

There are problems in analysing business approaches to design, however, since specific statements on its role in the overall strategy of companies are comparatively rare. The positioning of design in corporate hierarchies is similarly inadequate as a guide, because of the immense variations found – design can, for example, be an independent function, subordinate to engineering or marketing management, or part of R & D.

How design actually functions is to a very large extent based on implicit approaches specific to each organization, based more on the inclinations of personalities and habitual behaviour. Out of all this diversity, however, some general patterns can be distinguished.

On an organizational level, design can be a central function or dispersed throughout an organization. A company such as IBM was long famous for tight central control over what products were generated and how they were marketed. In contrast, a conglomerate such as the Japanese electrical giant Matsushita devolves such control to divisions specializing in particular product groups, such as TV and video or household appliances.

In some companies there is a very clear distinction between the contributions of design based on long-term or short-term approaches. In the automobile industry, the German company Mercedes emphasizes long-term approaches, believing that its vehicles should still be recognizable whatever their age. This is ensured by centralized control of design and an insistence that each new model retain a continuity of characteristics that clearly identify it as a Mercedes. In contrast, General Motors has a policy of short-term change, with devolved design responsibility to divisions manufacturing under different brand names – such as Chevrolet, Buick, and Cadillac – and an emphasis on constant differentiation through the device of the annual model change. In the case of conglomerate organizations linking several companies, both product decisions and design implementation will usually be devolved to the constituent units. This is typified by Gillette, which, in addition to its major focus on toiletries, also owns companies such as Oral-B, specializing in dental products, Braun, manufacturing electrical products, and Parker Pens.

In the field of service organizations, airlines, banks, and franchise organizations such as fast-food and oil companies use design as one of the major instruments by which unity of identity and standards are maintained, even though sales outlets are in a number of different hands. A company such as McDonald's cannot exercise daily control over every aspect of every franchise around the globe, but uses design not just in products, but also in systematic approaches to preparation, delivery, and environments, as a key tool in establishing and maintaining general standards.

If the overall role of design in organizations is so varied that few general patterns are discernible, and then only dimly, there is if anything even less clarity on the level of the detailed operational management of design. Even in particular product sectors, where companies produce similar products for identical markets, wide variations occur.

The specific history of organizations and the personalities involved is obviously a vital consideration in understanding how design played a role in their activities. Some firms are initially based on an entrepreneurial insight about market opportunities; others originate in a particular technological innovation. Less frequently, some have founders motivated by a sense of social responsibility, others are even established by designers wishing to retain control over essential aspects of their work. Some have had formalized procedures bringing consistency over long periods. Others, however, depend on the personal insights and inclinations of particular individuals in influential positions who believe design is crucial to their company's identity and reputation.

There is no clear pattern in how companies reach the point where design consciousness emerges and becomes incorporated into the battery of competencies considered vital for corporate survival. With some – Sony is a good example – that emphasis on high standards in product forms and communications has been present from its earliest years. In other instances it was generated as a response to crisis, demonstrating that design can play a role in changing the fortunes of companies. The smallest of the Big Three American automobile manufacturers, Chrysler, came back from a deep crisis with a range of vehicles in the early 1990s that were the most innovative to emerge from Detroit for some time. This was in substantial part due to the fact that its talented Vice-President for Design, Thomas Gale, was able to function at the strategic level of corporate decision making and make new design concepts part of the overall corporate plan for reviving its fortunes. In many companies, in contrast, it seems that an understanding of design has yet to penetrate corporate decision making.

If patterns in the evolution of design in corporate consciousness are difficult to explain, how design loses its role in organizations is somewhat clearer. Even when a company can be considered exemplary in its design consciousness, there is no guarantee, as with Olivetti, that design will survive a major corporate crisis resulting from a failure to adapt to changing conditions of one kind or another. A change of management style and consciousness can also mean that carefully nurtured design competencies become dispersed and will no longer be considered as relevant; or there may be a clash of personalities, which seems to have happened at Chrysler after its merger with Daimler-Benz. Recently, some companies have exemplified a trend for design to be 'outsourced'–the jargon term describing a process of cost saving by relying on outside consultants instead of in-house design resources. Even companies that have a strong record of integrating design into their structures and procedures, such as Philips and Siemens, now require their design groups to function as internal consultants. This means they have to compete for corporate projects against external consultancies and are also expected to take on work outside the company in order to remain financially viable.

The trend for design groups to be divested may save money, but has the disadvantage that, if design is to be something that really distinguishes a company against its competitors, on something more a passing, superficial level, it requires consistent nurturing as something capable of delivering unique ideas. In this respect, the Finnish company Nokia, manufacturing telecommunications products, has consistently used design, often in subtle ways, to distinguish the usability of its products, and this has played an important role in enabling it in less than a decade to challenge established corporate giants in the field, such as Eriksson and Motorola.

Outside the world of large companies are the vast majority of businesses grouped under the general heading of small and medium enterprises (SMEs). These are rarely in a position to dominate markets as large corporations do, and must respond to markets either by moving very nimbly to follow trends, or by using

30. Usability and competitiveness: Nokia portable telephone

design to create new markets. Italian lighting companies such as Flos and Arteluce, and Danish furniture companies such as Fredericia, have created and sustained niche market leadership, often at the profitable upper levels of markets, through high levels of design innovation in their products.

If formulaic recipes are difficult to discern, however, one decisive factor in smaller companies is clearly apparent: the role played by individual owners in setting standards for design practice. Three examples from different product sectors demonstrate the potential of SMEs to grow if design is supported and integrated at the highest level. In England, Joe Bamford created JCB, a company manufacturing back-hoe loaders, used in earth-moving work, and set design standards that have contributed to his products sustaining their competitiveness over many years in world markets with giants such as Caterpillar and Komatsu. In Germany, ERCO, of Ludenscheid, was transformed over a quarter of a century from

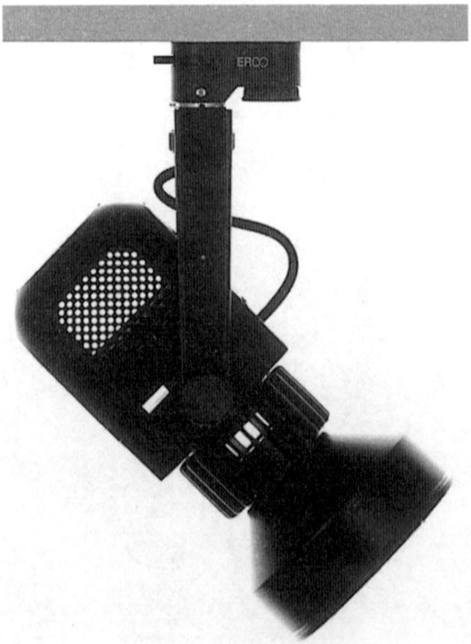

31. Lighting, not lamps: ERCO architectural lighting systems

an undistinguished manufacturer of domestic lighting fittings to a world leader in the niche market of architectural lighting. The vision of its Managing Director, Klaus-Jürgen Maack, brought a new focus on the quality of light as a deliverable, not the fitting. Any new product from his company should be a genuine innovation, he insisted, with an emphasis on design in all aspects of his firm's operations. In the USA, a retired entrepreneur, Sam Farber, noticed older people with arthritic joints had difficulty in holding kitchen tools. He established a new company to manufacture a range of kitchen tools, with handles designed for easy grip and manipulation by a New York consultancy, Smart Design. These have proved to be a remarkable success, applicable to a much wider constituency than the elderly, and, over a decade, Oxo Goodgrips has reconstituted the market for these products.

Of particular interest are production companies established by designers to obtain greater control over their work, such as Ingo Maurer in Germany, specializing in lighting, and David Mellor in England, designing and manufacturing his own cutlery designs in

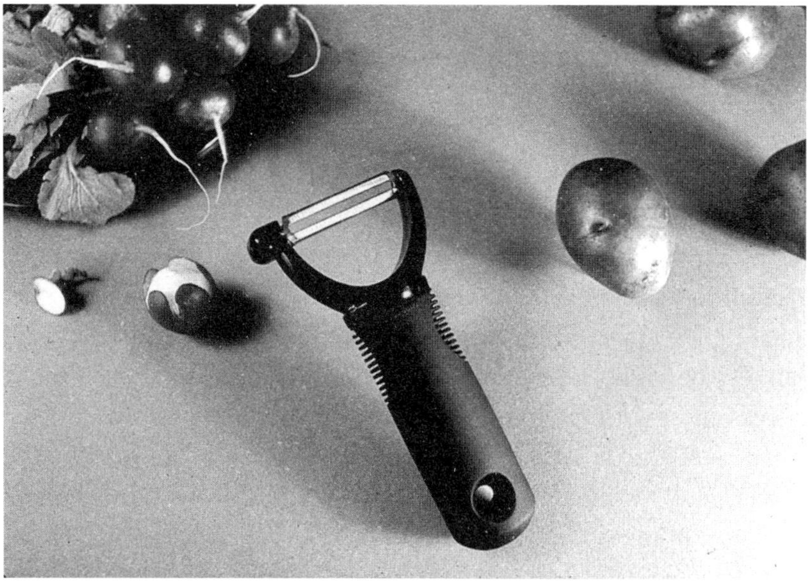

32. Needed by some, appeal for all: OXO Goodgrips kitchen tools –'Y' peeler.

connection with a substantial retail operation. Perhaps the most outstanding example is James Dyson, whose dual-cyclone vacuum cleaners have toppled the products of major global companies, such as Hoover, Electrolux, and Hitachi, to become market leaders in the United Kingdom, with export markets being continually opened up. Dyson's stated intent to become the largest manufacturer of domestic appliances in the world neatly illustrates the point that big companies were once small companies with ambition.

If businesses are the vital arena of design decision making at the detailed, or micro-design level, many governments around the world have evolved what can be termed macro-design policies for the development and promotion of design as an important factor in national economic planning for industrial competitiveness. Similarly to businesses, governments also demonstrate considerable variations in the structures and practices shaping their policy aims for design. Some even become involved in design practice to promote specific ends, but, even when implementation is left to individual enterprises, the interaction between the two can be a vital element in determining the effectiveness of any national policy. This too, of course, can crucially influence the direction design takes in any particular society.

A government policy can be understood as a set of principles, purposes, and procedures about its intentions on a particular topic. In addition to explicit statements embedded in formal policy documents, however, implicit aspects of how policies are executed can also be highly relevant factors in understanding their effectiveness. In Japan, for example, there is a close informal network of contact and communication between government officials and business executives which is a powerful channel for exchange of ideas and cooperation.

Governments of many kinds have long included design as an element of their economic and trade objectives, though how this functions depends upon the nature of the government and its aims. Does it seek to exercise direct influence over industry, or even, as under some regimes, to own the means of production and distribution? Or, as in more democratic regimes, is there an effort to frame broad objectives and rely on cooperation with, or incentives for, industry to carry them out?

Intervention in economic affairs by governments was in the past most frequently directed to preventing innovation when it threatened government interests or was likely to cause social disruption. A significant change in the eighteenth century in Europe, however, saw the flowering of an economic policy known as mercantilism. Briefly, this was an effort to restrict imports and promote exports to enhance relative economic performance. First systematically formulated in France under Louis XIV, the means used to promote these ends included: incentives to stimulate the development of manufacturing at home; direct investment in production facilities; sheltering domestic producers from foreign competition by high protectionist tariffs; supporting merchant capitalists in competition overseas; investing in infrastructure and manufacturing capabilities; attracting talented craftsmen from other countries; and developing design education opportunities.

Underpinning mercantilism was a concept of an essentially static economy: since the volume of production and commerce possible at any time is considered to be limited in total amount, the commercial policy of a nation should target obtaining the biggest slice of the available pie at the expense of other nations. In this situation, design was considered a decisive factor in creating competitive advantage and by such policies France became a leader in the manufacture of luxury products, a position it holds to this day.

Fundamental to mercantilism, and any present-day government design policy, is the belief that states should act in economic matters in terms of their self-interest. This belief still endures and, despite the growth of regional groupings such as the European Union and the North American Free Trade Area, derivatives of mercantilism are still a powerful force in the policies of many governments, albeit in modified form. The emphasis is now on promoting technology and design as a means of gaining economic advantage by enhancing national competitiveness. The belief that these capabilities can be defined in national terms and promoted within the boundaries of a state as a national characteristic is increasingly a questionable assumption.

In European countries, design policy has generally been in the form of promotional bodies funded by governments but having considerable leeway in the details of how they function. This pattern first clearly evolved in the United Kingdom, which has one of the oldest legacies of design policy. When the UK opened up a substantial technological and economic lead as a consequence of the Industrial Revolution, French products still competed effectively based on superior pattern designs. As a result of recommendations by the Select Committee on Design and

Manufacture established by Parliament in 1835 to address these problems, new design schools were established. A problem, however, was the belief that design in industry required an injection of art to effect improvement. Moreover, the only people capable of teaching in the new schools were artists. So the schools in fact evolved as art schools, and indeed the first of them, the Normal School of Design, was subsequently renamed the Royal College of Art. Continuing complaints by manufacturers of the resulting deficiencies of the system in supplying trained designers echoed across succeeding decades, resulting in other efforts to make design education better serve the needs of industry, which generally proved fruitless.

In the final stages of the Second World War, in 1944, the UK government established the Council of Industrial Design, later to be renamed the Design Council. Although financed by government, it functioned as a semi-independent organization, with the primary aim of promoting design in industry as a means of stimulating exports. In this original aim it must be judged a complete failure, since, forty years later, the UK balance of trade in manufactured goods went into deficit for the first time in two centuries. For much of its existence, the Design Council sought to function by persuasion and, as a result, had little power to alter anything significantly. Since 1995, it has been a slimmed-down body, showing great energy in promoting design as an element of government efforts to encourage innovation in industry. The United Kingdom still has a substantial trade deficit in manufactured goods, however, so much still remains to be done.

The German equivalent of the Design Council, the *Rat für Formgebung*, was founded in 1951 and similarly supported by government finance, in this case federal and state sources. For a time it played a substantial role in promoting design in industry and to the public at large, emphasizing not only an economic but also a cultural role for design in modern society. By the 1980s, however, funding had dwindled, and, although it continued its work in reduced circumstances, the main emphasis in promotional work switched to various design centres in the federal states, which emphasized regional developments.

An obvious problem with such bodies is that they are subject to sometimes fickle changes in the political climate. The Netherlands Design Institute, founded in 1993 and funded by the Dutch government, became, under the Directorship of John Thackara, one of the most dynamic focal points anywhere for debate and initiatives about the role of design in modern society. In December 2000, however, it closed, after funding was withdrawn on the recommendation of the Minister of Culture. Clearly, when a gulf of any kind opens up between how this kind of institution functions and politicians' perception of what it should be, the latter have decisive power.

In terms of such relationships, one of the most consistently successful European promotional bodies has been the Danish Design Centre. Established after the end of the Second World War, it has been an integral element in establishing design, not just as a factor in Danish economic life, but as part of the dialogue about the nature of Danish society. This would have been impossible without the ongoing support of the government, which was evident in a new purpose-built headquarters that opened in the heart of Copenhagen in early 2000 and is a remarkable testament to a vision of design being seamlessly integrated into national life.

In contrast, across the Atlantic, it is a curious fact that the USA does not have, and never has had, a design policy. Proposals aplenty have been generated by interested parties such as professional design organizations, but the Federal government remains impervious to such a project and only the states of Michigan and Minnesota have shown any interest in design as competence to enhance competitiveness. The reasons for this situation are complex, but in part lie in an economic mindset that regards design as something superficial, that can easily be copied by foreign

33. Design as state policy: the Danish Design Centre

competitors, and should not therefore be the recipient of government support.

Ironically, the development of design as a business tool in interwar America served as an example for Japan when embarking on a programme of economic reconstruction following the Second World War. The key government body responsible for Japan's industrial development policies is the Ministry of International Trade and Industry (MITI). Its policies set out to coordinate the activities of Japanese firms within specified sectors and so make them competitive in international markets. How Japan developed its design competencies as part of this effort is an archetypal model of how MITI functions. In fact, the Japanese approach is one of the clearest examples that modern variants of mercantilist principles are still thriving.

To the extent that design expertise in Japanese industry existed before the Second World War, it derived from European artistic or craft-based concepts. Japan was largely regarded as a country that turned out cheap imitations of foreign products. After defeat in the war left Japan's industrial capacity largely in ruins, MITI developed plans for reconstruction and economic expansion based on exports. Its early policies had two main planks: introducing the latest foreign technology; and protecting domestic industry while it rebuilt. The home market was viewed as a developmental springboard for exports.

As part of this policy, MITI began vigorously to promote design, inviting advisory groups of prominent designers from abroad, but, most significantly, sending groups of young, talented people to be trained in the USA and Europe, to create a cadre of qualified designers. Design promotion activities were stimulated by establishing the Japan Industrial Design Promotion Organization (JIDPO) as a branch of MITI and the 'The Good Design Products Selection System', better known as the 'G-Mark' competition, to promote the best Japanese designs.

On the basis of MITI's promotion of design, by the mid-1950s, many larger Japanese companies began to establish design sections and design began to be rapidly absorbed and integrated into development processes. Some new designers returning from overseas were employed in corporate design groups, but others set up independent consultancies, notably Kenji Ekuan's GK Associates, and Takuo Hirano, who set up Hirano & Associates, which for almost half a century have been leading organizations in establishing the credentials of design in the business community. New educational courses and on-the-job learning led to a sustained expansion, so that, by the early 1990s, there were some 21,000 industrial designers employed in Japan. Despite the economic setbacks of the 1990s, MITI continues to view design as a strategic resource for the national economy, with ongoing policy reviews providing a framework of ideas and responses to new developments. Few people in the world remain unaffected by the shift in Japan from producing imitation goods to generating technically superior, well-designed products. In the process, Japan's economic standing in the world and its own standard of living have dramatically changed.

Other countries or regions in East Asia have followed the Japanese model of design promotion with great success. In Taiwan, the Office of Economic Affairs has consistently promoted design, together with technological development, as a means of enhancing the intrinsic value of products in export markets. The body responsible for this policy, the Export Trade Association, has played a large part in raising the profile of Taiwanese products from their earlier reputation as cheap copies. The twin aims of economic policy for the new century are summed up in a slogan linking technology and design as the basis for the future. So confident now are the Taiwanese in their products that they are aggressively carrying their message to their major competitors, having established Design Promotion Centers in cities such as Düsseldorf, Milan, and Osaka.

South Korea demonstrates a similar pattern. Devastated by war in the 1950s, the government set out in the 1960s to emulate the Japanese pattern of industralization. Similarly, companies were encouraged to use designers to raise the standard and reputation of their products, with design education and promotion carefully fostered on a foundation of government funding and support. Like Japan, most early industrial products were imitations of foreign designs, but by the 1980s design education facilities in Korea were substantial and rapidly evolving, and on the level of both corporate and consultant design there was a rising level of achievement.

Other Asian countries such as Singapore, Malaysia and Thailand are similarly promoting design as a means of increasing their share of international trade. Throughout Asia this promotion of standards internally has been accompanied by efforts, both overt and covert, to restrict the penetration of domestic markets by overseas products.

Many governments evidently believe such policies to be valuable, since they continue to pursue them and often underline their commitment with substantial funding. Shoring up national competencies is often viewed as a buttress against the encroachment of globalization. It should be noted, however, that design consultancy, at its most effective, creative levels, is one of the most fluid capabilities in global patterns of trade irrespective of national boundaries. Encouraging the design sector as a service industry in its own right within a country to function regionally or globally, as in Singapore, could have powerful relevance when compared to narrowly conceived national policies.

In addition, in most countries, the provision of design education is also assumed to be the responsibility of government, though, again, there is no evidence of any proposals to shape design education in significantly new ways to gain a future advantage. On the other hand, serious research into design and its effectiveness is generally conspicuous by its absence, although governments widely sponsor research into many other aspects of business performance, such as technology and competitiveness.

Another striking fact is that design in the modern, professional sense seems to evolve at a particular point and level of affluence in countries' economic and technological development. Examples of design being used strategically at a national level to help build up an undeveloped economy are conspicuous by their absence yet could potentially be a constructive tool for benefit in emerging or Third World economies.

A fourth contextual level of particular relevance could be cited: that of how design is understood by the broad public that its outcomes so widely and profoundly influence. How design is depicted in the media, the level of discussion of its relevance and contribution to economic and cultural life, how people think about their role in its use and application, are some aspects that serve as indicators in this context. The messages are either extremely confusing, however, or conspicuous by their absence. Since so much design in the twentieth century was determined by the perceptions of producers and what they decided users should have, it is hardly surprising that there are vast amounts of market data available, but little understanding of what people really think about design. In no other aspect is there a greater need for research to establish some clear indicators of how design is understood.

Chapter 10
Futures

Two themes have recurred throughout this book: the extent of variations in design practice, and the manner in which it is being affected by far-reaching changes in technology, markets, and cultures. Design cannot remain isolated from these wider patterns, but the situation is confused. As in previous historical phases of change, a point arrives at which consciousness of the extent of change becomes a pressing issue, but uncertainty about what will eventuate means few definitive answers are available. Since the early 1980s, attempts to adapt old forms and processes to new purposes have been juxtaposed with wild experiments and many overconfident pronouncements of what the future will be. If the basic proposition in this book is that design has evolved historically in a layered pattern, rather than a linear evolution in which new developments eliminate previous manifestations, then we can expect new layers to be added that will alter the role and relationships of pre-existing modes.

Certainly, at one level, existing methods and concepts of design, especially those that emerged predominantly over the twentieth century, are continuing to evolve. Mass production is entering a new phase with its extension to global markets on the basis of sophisticated systemic concepts, as discussed in Chapter 8. It is already clear that computers have had a profound, transformative influence as a tool in design, extensively supplementing and enhancing, although not always replacing, existing means of conceptualization, representation, and specification. The use of giant computer screens enabling work to be processed in enormous detail, concurrently on several sites, together with virtual-reality representations, is widely replacing older methods of renderings and physical models as a means of developing concepts for production. Yet at the same time, in a typical pattern of juxtaposition, one of the most ancient means of exploring and representing visual ideas, drawing, remains an irreplaceable skill for any designer. Another procedure of enormous influence is the refinement of rapid prototyping machines, capable of generating from computer specifications three-dimensional forms of ever-increasing size and complexity in ever-shorter periods of time. Computers also provide the capability to combine and layer forms from multiple sources – text, photographs, sound, and video – to effect huge transformations in two-dimensional imagery. Design is simultaneously becoming more specialized in some respects, with more detailed skills in specific areas of application, and more generalist ones in others, with hybrid forms of practice emerging in parallel.

There are already sharp differences in the levels at which designers function within organizations, which can be expected to widen. Some are executants, carrying out ideas essentially determined by others, and even here, their work can be differentiated between routine variations in the features of products or the layouts of communications, on the one hand, and highly original redefinitions of function and form on the other. Accord-ing to the type of business a company is in and the life-cycle phase of its products, designers may variously be involved in imitation, the adaptation of incremental features, major redefinitions of functions, or the origination of profoundly new concepts. They are also increasingly finding their way into executive functions of decision making at strategic levels that fundamentally affect not just the future shape of forms, but the future form of businesses in their entirety. Sony Corporation, for example, has a Strategic Design Group, reporting to its President, with a wide-ranging remit of charting possible futures for Sony. Behind such developments is the question of whether design is valued primarily in terms of a particular set of skills related to existing products or services, or is also considered as a distinct form of knowledge and insight capable of creating wholly new concepts of value.

On another plane is the difference between whether designers function as form-givers, determining form in a manner that allows no variation – it is either accepted or not – or as enablers, using the possibilities of information technology and powerful miniaturized systems to provide the means for users to adapt forms and systems to their own purposes. The growth of electronic technology, the manufacture of powerful microchips, and the generation of more sophisticated software at commodity prices mean that products and systems have the potential to be highly flexible in response to specific users' needs. Both roles, of form-giver and of enabler, will continue to be necessary, but the distinction between them is based on fundamentally different values and approaches, to a point where they constitute substantially different modes of practice.

More elaborate techniques and methodologies will undoubtedly emerge, particularly in larger, systemic approaches, but, as the tools become more powerful, it becomes necessary to raise the all-important question of the values informing design practice. Will the future pattern of what is produced, and why, continue to be primarily determined by commercial companies, with designers identifying with their values; or by users, with designers and corporations serving their needs? There is much free-market ideology claiming the latter to be the case, but the realities of economic practice make it plain that in many respects the former still dominates. Consider, for example, the number of telephone tree systems that begin by informing callers how important their call is, before leading into an infuriating electronic labyrinth of confusion and non-responsiveness, with no link to a human being. The gulf between image and reality in the commercial world is nowhere more evident than in how customers are treated. There is increasingly an inherent tension between, on the one hand, producers trying to control markets, and, on the other hand, the access to information and control potentially made available to users by new technologies. Any resolution will in most cases not be made by designers, but design will be a vital element in expressing the outcomes.

The question of which population designers address in their work is therefore fundamental. The basic needs of the small percentage of the world's population in industrialized countries have been largely met. Most people have adequate diet and living standards, and access to health and education in conditions of considerable freedom. The benefits in terms of openness of life choices, and access to education and information, are substantial. Freedom of access to information and increasing levels of customized products for a majority of the population, both using well-designed interactive sites, are among the benefits evident in the USA, which leads the world in levels of computer ownership and access. It is not certain, however, that the rest of the world will simply follow the US pattern. The design of systems can be used equally for purposes that can enhance or restrict freedom of information.

Poverty is a relative term, moreover, and there are still many problems in industrialized countries that increasingly require attention, to which design can potentially contribute, such as improving educational provision for the poor and unskilled (in the USA and the United Kingdom, around a quarter of the population is functionally illiterate); mitigating the problems of unemployment by creating opportunities to retrain frequently in a constantly changing economic climate; addressing the needs of ageing populations; creating more flexible welfare and medical provision; and addressing environmental questions, not just large ecological concerns, but more immediate problems such as noise pollution and stress in human environments.

Such problems can frequently be glossed over in markets dominated by excess wealth, with conspicuous consumption becoming endemic. In the context of the USA, where it was estimated in the year 2000 that 3 per cent of the world's population consumed 25 per cent of available world resources, there has been a growing emphasis on designing not just products and communications, but 'experiences'. This can in part be seen as an indicator that basic utility is something taken for granted. It also suggests that life is so meaningless for people incapable of experiencing anything for themselves that they have to be supplied with a constant flow of artificial, commercialized, and commodified experiences that take on their own reality. Design in this context becomes the provider of bromides to block out anything demanding or uncomfortable.

The growth of globalization and industrial development and urbanization in the so-called 'Third World', in 'Developing' or 'Peripheral' countries – accounting for some 90 per cent of the world's population – also raises pressing questions regarding the economic and cultural role of design. Some global corporations have 'hollowed out' their workforce in their home country, maintaining only core management and design functions, while transferring production to wherever a source of cheap labour exists, showing little sensitivity to the diversity of local cultures they affect in the process. Sweeping assertions in corporate circles that with globalization the role of national governments is increasingly irrelevant sounds suspiciously like wishful thinking. Outside the small number of industrially advanced countries, government may be the one institution capable of resisting the more predatory aspects of commercial expansion and cultural encroachment, which can in any case originate equally from within their borders as from outside. Unfortunately, in practice, there are too many governments, themselves based on corrupt instincts, that are willing allies in such exploitation.

The processes of globalization, however, should not simply be depicted as a juggernaut of large corporations taking over the world, as seems to be the case in the wave of protests against such bodies as the World Bank and the World Trade Organization. Innumerable small and medium companies are increasingly involved in global trade, representing a very broad spectrum of products and services that cannot be depicted in terms of crude stereotypes of capitalism.

Many examples can indeed be found of smaller commercial companies with a sense of responsibility to their users. The Finnish company Fiskars transformed the design and manufacture of an existing product, scissors, by basing its whole approach on careful ergonomic studies of use in practice, with the aim of making each product safe and efficient for its specific task. So successful was this approach that the company subsequently extended it to other product categories, such as garden tools and axes. Such developments do demonstrate, however, that commercial success can be based on design being used in a manner compatible with social values.

Idealistic claims by designers, however, that in some innate manner they represent the standpoint of users is clearly unsustainable, especially given the number of designers servicing the needs of conspicuous consumption in wealthy societies, while basic needs around the globe remain unsatisfied or not even addressed. Yet there are indicators, small but hopeful, of what is capable of being achieved when the problems of developing areas are understood and addressed. One such is the clockwork radio concept of Trevor Bayliss, intended to give rural communities in southern Africa who lack electricity supply access to government information on how to combat AIDs. In Chile, two young designers, Angelo Garay and Andrea Humeres, conceived of packaging for light bulbs, which is normally discarded, to be adaptable for use as a light shade in poor homes where bare bulbs are the norm. More such small-scale tangible design solutions could have an enormous cumulative impact if more companies understood that their own self-interest, in terms of the necessary profitability for survival, could be better advanced by close attention to customers' and potential customers' need. A creative solution for a specific problem, based on particular local needs, can frequently have innumerable applications in other locales and for other purposes. Bayliss's clockwork device to power a small radio, for example, has been adapted for use in electric torches.

Although huge commercial potential exists in meeting user needs, a nagging question recurs: if basic requirements become more completely satisfied, will the whole world turn to conspicuous consumption, and with what consequences? In this sense, design is not simply an activity whose course will be charted by practitioners, but an expression of what societies believe to be quality of life on a sustainable basis. Designers cannot provide the whole solution, but should be part of the debate.

In considering the role of design in the future, therefore, a major question requiring an answer is whether designers will be merely technocrats, devoting their skills to the highest commercial bidder without consideration of the ends they serve. Or is there instead a dimension of social and environmental purpose requiring acknowledgement in their work? How much remains ignored, even in the most basic aspects of advanced societies, was dramatically evident in the US presidential election of November 2000, when the design of electoral forms and the devices processing them were clearly inadequate in communicating to all citizens what their choices in voting were, revealing a lack of feedback to confirm voting choices, and giving no opportunity to change a mistake. Discussion of solutions has predominantly rested on consideration of hardware and its cost. If bank ATMs were equally as inadequate in their procedures, there would be a huge outcry, but it seems that acknowledging democratic rights does not carry the same weight as commercial functions.

If technology is indeed to be humanized, and its benefits brought to increasing numbers of people around the planet, it is necessary to recognize that it is designers who determine the detailed interfaces in all their forms that implement technology in everyday life. To what extent the values their designs embody will be primarily intended to generate profits, serve people, or harmonize with ecological concerns, and whether all can be combined in some kind of viable commercial balance, are matters of no small importance.

To answer such questions, and many others of significance, requires as a precondition that design be understood as a decisive factor shaping all our lives, all the time. There are few corners of our environment, or aspects of the objects and communications enveloping us, that could not be significantly improved on some level in greater or lesser degree. Only when we understand that all these manifestations of design are the outcome of choices, ostensibly made on our behalf, but in most cases without our involvement, can the meaning of design in the contemporary world change. Only when it is adequately understood, debated, and determined as something vital to everyone will the full potential of this human capacity begin to be realized.

Further reading

The problems discussed in the opening chapter of this book regarding the meaning of the word 'design' are amply evident in available works published under this rubric. There is a dearth of general introductions to design that give any kind of overview of the spectrum of activity it covers; instead, there is an abundance of works on the style of places, usually emphasizing interior furnishings and fittings for those with surplus income, with books on historical period styles following the pattern of art historical categories also providing rich fare. Such books have value in developing a visual vocabulary, but only rarely explore the nature of processes or design thinking.

Perhaps the area with the greatest number of publications is design history, although here there tends to be a dominant focus on the nineteenth century onwards. However, Philip B. Meggs, *A History of Graphic Design* (New York: John Wiley & Sons, revised 3rd edition, 1998), is a useful reference text and an exception in tracing the origins of his subject from early societies. A good collection of essays exploring the social significance of graphic design is Steven Heller and Georgette Ballance (eds.), *Graphic Design History* (New York: Allworth Press, 2001). On environments, John Pile, *A History of Interior Design* (New York: John Wiley & Sons, 2000), is a sound introductory history, while Witold Rybczynski, *Home: A Short History of an Idea* (New York: Viking, 1986), is a very approachable and fascinating discussion of many aspects of home design and furnishing. For products, my own

Industrial Design (London: Thames & Hudson, 1980) surveys the evolution of this form of practice since the Industrial Revolution, although the later chapters are somewhat dated. There are several general historical texts. One of the best is Adrian Forty, *Objects of Desire: Design and Society Since 1750* (London: Thames & Hudson, revised edition, 1992), with an emphasis on the emergence of modern consumer culture. Penny Sparke, *A Century of Design: Design Pioneers of the 20th Century* (London: Mitchell Beazley, 1998), is strong on furniture design; Jonathan M.Woodham, *Twentieth Century Design* (Oxford: Oxford University Press, 1997), treats design as an expression of social structures; Peter Dormer, *Design since 1945* (London: Thames & Hudson, 1993), is a general overview of post-war developments with an emphasis on craft design; and Catherine McDermott, *Design Museum: 20th Century Design* (London: Carlton Books, 1998), is based on the collection of the museum.

Design practice is also not well served. Quite a few books on this aspect can be described as design hagiology, essentially uncritical forms of promotion for designers and design groups to establish their position in a pantheon of classic work. An account of work at one of the world's leading consultancies, which generally avoids such pitfalls, is Tom Kelley, *The Art of Innovation: Lessons in Creativity from Ideo, America's Leading Design Firm* (New York: Doubleday, 2001). The work of a design group in a global manufacturing company is presented in Paul Kunkel, *Digital Dreams: The Work of the Sony Design Center* (New York: Universe Publishers, 1999), a profusely illustrated examination of projects by Sony design groups from around the world. A volume published by the Industrial Designers Society of America, *Design Secrets: Products: 50 Real-Life Projects Uncovered* (Gloucester, Mass.: Rockport Publishers, 2001), stresses the processes of design, rather than the end products, and discusses and illustrates fifty examples of projects from start to finish. Peter Wildbur and Michael Burke, *Information Graphics: Innovative Solutions in Contemporary Design* (London: Thames & Hudson, 1999), uses numerous well-illustrated cases to make a good introduction to this specialist form of communication. Some interesting new ideas on design for working environments are explored in Paola Antonelli (ed.), *Workspheres: Design and Contemporary Work Styles* (New York: Harry N. Abrams, 2001), a catalogue of an exhibition on this theme at the Museum of Modern Art in New York. A partner in a London consultancy, Wally Olins, presents his arguments that corporate identity is as much about creating a sense of unity within companies as affecting prospective purchasers in *Corporate Identity: Making Business Strategy Visible through Design* (Boston: Harvard Business School Press, 1992). As a sourcebook, some 200 examples of recent identity design at a range of levels and complexity are presented in David E. Carter (ed.), *Big Book of Corporate Identity Design* (New York: Hearst Book International, 2001). An interesting comparison with similar German practice can be made by reference to a series of yearbooks, Alex Buck and Frank G. Kurzhals (eds.), *Brand Aesthetics* (Frankfurt-am-Main: Verlag form), the first of which appeared in 1999.

The roles objects play in people's lives have not been explored in any great depth from a design standpoint, but there are useful texts treating this aspect from a variety of other disciplinary perspectives. Mary Douglas, a noted anthropologist, and an economist, Baron Isherwood, emphasized goods as instruments of contemporary culture in *The World of Goods: Towards an Anthropology of Consumption* (London: Routledge, revised edition, 1996). Sociological research was the basis of *The Meaning of Things: Domestic Symbols and the Self* by Mihaly Csikszentmihalyi and Eugene Rochberg-Halton (Cambridge: Cambridge University Press, 1981), which demonstrated how people construct personal patterns of meaning from the objects surrounding them. Donald A. Norman, *The Design of Everyday Things* (New York: Currency/Doubleday, revised edition, 1990), written from a psychological standpoint, is still an excellent introduction to basic issues of user-centred design in everyday objects, although some of the cases are dated. Some interesting ideas on the dependence of technological innovation to social context are found in Wiebe Bijker, Thomas P. Hughes, and Trevor Pinch, *The Social Construction of Technological Systems* (Cambridge, Mass.: MIT Press, 1987).

Jeremy Aynsley, *Nationalism and Internationalism: Design in the 20th Century* (London: Victoria and Albert Museum, 1993), is a short introduction to the broader interplay between the global and the local. In general, however, the role of government in promoting design is a theme awaiting substantial research and publication. My own essay on the development of Japanese government policy as part of its economic strategy to rebuild its economy after the Second World War can be found in John Zukowsky (ed.) with Naomi R. Pollock and Tetsuyuki Hirano, *Japan 2000: Architecture and Design for the Japanese Public* (New York: Prestel, 1998). A good example of how themes in design can be publicized by a national design promotion organization is the series of small books published by the Danish Design Council in Copenhagen. Its web site (www.design.dk/org/ddc/index_en.htm) is also worth a visit, while that of the Design Council of the United Kingdom (www.design-council.org.uk/) contains much interesting material, including publications and reports that in some cases can be downloaded.

The principles of business aspects of design were well described in Christopher Lorenz, *The Design Dimension: The New Competitive Weapon for Product Strategy and Global Marketing* (Oxford: Blackwell, 1990), although the case studies used are now dated. One of the best collections of examples of the role of design in corporate strategy can be found in John Thackara, *Winners!: How Today's Successful Companies Innovate by Design* (Aldershot: Gower Press, 1997). Approaches to the management of design are well covered in Rachel Cooper and Mike Press, *Design Management: Managing Design* (Chichester: Wiley, 1995). Insights into the practical problems of managing design in large corporations, based on his experience at Hermann Miller & Philips, are provided by Robert Blaich with Janet Blaich, *Product Design and Corporate Strategy: Managing the Connection for Competitive Advantage* (New York: McGraw-Hill, 1993). A heart-warming account of the struggles of designer-entrepreneur James Dyson to bring his new concept of a vacuum cleaner to market can be found in his *Against the Odds: An Autobiography* (London: Trafalgar Square, 1998).

On the subject of how design needs to adapt in the future, and the purposes it should serve, there are some interesting views in a volume of short texts by Gui Bonsiepe, one of the most profound thinkers about the role of design in the changing circumstances of our age, collected under the title *Interface: An Approach to Design* (Maastricht: Jan van Eyck Akademie, 1999). One of the best books on the dilemmas presented by the profound changes in technology taking place is *The Social Life of Information* by John Seely Brown and Paul Duguid (Boston: Harvard Business School Press, 2000). Technological solutions alone are inadequate, the authors argue, and, if designers are to make them comprehensible and useful, the human and social consequences need to be understood and incorporated into their work.